《大话三国》Flash动画

Flash MTV

Flash网站片头

我的第一个动画

使用钢笔工具

按钮控制

制作扇子

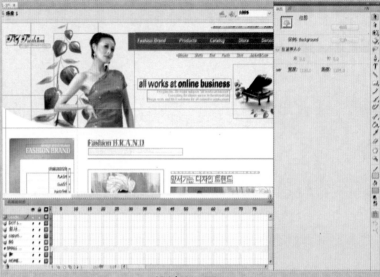

设计Web页面

制作Web按钮

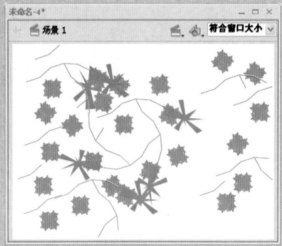

装饰工具

设计贺卡

填充位图

文字特效

旋转的球体

骨骼动画

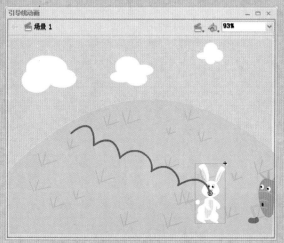

关键帧动画

制作交互按钮

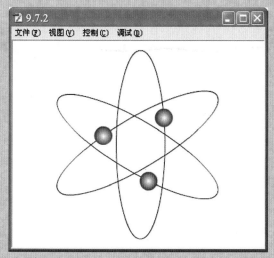

引导层动画

制作标志

Flash视频播放

Flash演示网站

载入图像

动态组件应用

FLV视频播放器

高等院校计算机应用技术规划教材

# Flash CS4 基础与案例教程

朱印宏　田　蜜　等编著

机械工业出版社

本书由浅入深、循序渐进地介绍了 Adobe 公司最新推出的动画制作软件——中文版 Flash CS4。书中详细地介绍了初学者必须掌握的 Flash CS4 的基础知识和操作方法，并对初学者在使用 Flash CS4 制作动画时经常遇到的问题进行了专家级的指导，避免初学者在学习过程中走弯路。全书共 13 章，分别介绍了 Flash CS4 基础知识，图形的绘制，使用颜色工具，使用 Flash 文本，编辑图形对象，使用元件、实例和库，特效的应用，使用帧和图层编辑动画，基础动画制作与编辑，制作有声动画，使用 ActionScript 编辑动画，使用 Flash 组件以及优化与发布动画等内容。

本书内容丰富，结构清晰，语言简练，图文并茂，具有很强的实用性和可操作性，是一本适合于大中专院校、职业学校及各类社会培训学校的优秀教材，也是广大初、中级 Flash 动画爱好者的自学参考书。

## 图书在版编目（CIP）数据

Flash CS4 基础与案例教程 / 朱印宏等编著. —北京：机械工业出版社，2009.11

（高等院校计算机应用技术规划教材）

ISBN 978-7-111-28334-8

Ⅰ. F⋯　Ⅱ. 朱⋯　Ⅲ. 动画－设计－图形软件，Flash CS4－高等学校－教材　Ⅳ. TP391.41

中国版本图书馆 CIP 数据核字（2009）第 165995 号

机械工业出版社（北京市百万庄大街 22 号　邮政编码 100037）

责任编辑：陈　皓

责任印制：乔　宇

北京京丰印刷厂印刷

2010 年 1 月第 1 版·第 1 次印刷

184mm×260mm·19 印张·2 插页·471 千字

0001—4000 册

标准书号：ISBN 978-7-111-28334-8

定价：35.00 元

# 出 版 说 明

随着国民经济的需求和教育事业的发展，计算机基础教育得到了很大程度的普及。在大学非计算机专业中开设面向应用的计算机课程对优化大学生的知识结构，提高综合素质起到了非常重要的作用。

为了满足大学非计算机专业计算机基础教育的需求，本社出版了"高等院校计算机应用技术规划教材"。本系列教材以计算机应用为主线，在突出实用性的同时也兼顾知识结构的完整性。教材具有以下特色：

## 1. 服务于非计算机专业的计算机教育课程体系建设

当前高校中，如何能够让计算机服务于本专业知识的学习，如何通过计算机技术与本专业技术相结合培养学生开发新技术的能力，已成为教学的基本目标。根据这个目标，大多数院校在计算机基础教育方面已经形成或正在形成非计算机专业的计算机教育课程体系，使得学生在整个大学学习期间能够得到必要的、较全面的计算机应用教育。

为了支持和服务于大学非计算机专业的计算机教育课程体系建设，本系列教材及其内容充分吸收了教育部非计算机专业计算机基础课程教学指导分委员会 2006 年颁布的《关于进一步加强高等学校计算机基础教学的意见暨计算机基础课程教学基本要求（试行）》和全国计算机基础教育研究会发布的"中国高等院校计算机基础教育课程体系 2008"等意见和研究成果。本社在聘请高校相关课程的主讲教师进行了深入、广泛地调研和论证工作之后，出版了本套系列教材。

## 2. 尽量满足不同类型学校在不同教学阶段的需求

本系列教材涵盖计算机应用方面的各主要知识。每个方面的教材又有不同的难度和知识重点，供各高校根据课程体系的需要，在整个大学的学习期间选用。

（1）计算机基础知识方面，出版《大学计算机应用基础》、《大学计算机基础实践教程》等教材，分别以基础知识、实践能力和技术应用为重点组织教学。

（2）数据库应用方面，主要以 Visual FoxPro、Access 和 SQL Server 数据库的应用为主，在讲解数据库基本知识的基础上，以数据库应用案例为依托，通过案例教学的方式组织教学。

（3）程序设计方面，主要以 Visual Basic、C 和 C ++语言程序设计为主，为了配合每种语言程序设计的教学，同时出版相应的实验指导、习题集等配套教材，以适合不同类型学校、不同专业对程序设计方法学习和训练的需求。

（4）网络和多媒体技术方面的教材以实用为主，学习如何有效和安全地获取和处理数字（数值）或模拟信息。引导学生从多方面获取知识，交流信息。

（5）针对一些理工科专业和计算机高级应用教学的需求，本系列教材还包括《微型计算机原理与应用》、《微机接口及应用》和《嵌入式系统原理及应用》等。教材内容对于高校高年级学生，实际又实用。学生通过学习和实习后，完全可以结合自己的专业，设计出具有一定应用价值的软硬件。

### 3. 按照教学规律组织教材内容

本系列教材按照分析、找出问题的解决方法，总结提高到理论的认知过程，进行了精心地编写。聘请的所有作者都是活跃在教学第一线的、有多年教学经验的教师。作者根据教育部的要求，结合自己的教学经验，在教材中按照教学规律安排教学内容和层次，做到叙述精炼、图文并茂、案例适当、习题丰富，非常适合各类普通高等院校、高等职业院校使用，也可以作为培训教材或自学参考书。

本社将根据教学过程中师生的反映和计算机应用技术的发展情况，不断调整内容，改进写作方法，使本系列教材成为深受广大师生欢迎的精品教材。

机械工业出版社

# 前　言

在浏览网页的时候，浏览者的视线总会不由自主地被那些美丽动画所吸引，同时，会忍不住好奇地想知道这些动画是用什么软件制作出来的，这就是本书所要介绍的软件——Flash，使用它制作出来的动画被称为 Flash 动画。Flash 软件是目前应用最广泛的动画制作软件之一，主要用于制作网页、宣传广告、MTV 和小动画等。

本书面向 Flash 动画的初、中级用户，其最大的特点是讲解浅显易懂，没有深奥的理论；注重实用的操作和丰富的图示说明，使初学者在学习时可以快速上手；结合动画制作时可能遇到的问题，以案例的方式加深初学者对 Flash CS4 的了解。

本书不仅可以让初学者了解 Flash CS4 软件，掌握 Flash 动画的制作过程，还可以提高初学者制作各种动画的水平，如制作简单动画、特殊动画、网站宣传动画、广告动画和特效动画等，从而达到学以致用的目的。

## 内容导读

本书共 13 章，主要内容如下。

- 第 1 章：介绍 Flash CS4 的基本概念和一个简单动画的制作过程，并对 Flash CS4 的基本操作进行了简单介绍，使读者初步认识 Flash CS4。
- 第 2~5 章：介绍 Flash CS4 中图形的绘制、填充、编辑以及文本的应用，使读者掌握在 Flash CS4 中绘制与编辑图形、文本的相关操作。
- 第 6~8 章：介绍 Flash CS4 中帧、图层、元件和库的知识，使读者能够灵活地操作 Flash CS4。
- 第 9 章：介绍简单动画和特殊动画的制作，其中简单动画包括逐帧动画、形状补间动画和运动补间动画，特殊动画包括引导线动画、遮罩动画、复合动画和骨骼动画。
- 第 10 章：介绍动画中声音的添加，包括可导入的声音格式和编辑声音的方法等，从而使读者能够对声音效果进行有效的控制。
- 第 11 章：介绍 Flash CS4 中的动画脚本，包括 ActionScript 基础和常用语句的使用，使读者能够对制作的动画效果进行控制。
- 第 12 章：介绍 Flash CS4 中组件的知识，通过调用组件并对其进行参数设置，使读者能够制作交互动画。
- 第 13 章：介绍优化和发布动画。

## 阅读指南

本书适合下列读者使用：

- 正准备学习 Flash CS4，但却苦于不知从何入手的读者。对于该类读者，本书将为您提供一个全面认识 Flash CS4 的机会，让您了解并掌握它的使用方法。
- 接触过 Flash CS4，尝试用它来制作动画，但是对它的原理和技巧一知半解的读者。对于该类读者，本书详细介绍了 Flash CS4 的知识和操作方法。

● 学习 Flash CS4 是为了增加一项工作技能的读者。对于该类读者，本书介绍了使用 Flash CS4 制作网页动画等与工作密切相关的知识，通过阅读，将会使您明白选择本书是正确的。

● 对制作动画非常感兴趣，想用 Flash CS4 制作出有个性的动画，但打开 Flash 软件却一片茫然的读者。对于该类读者，本书将会教您用 Flash CS4 制作自己心目中的动画。

本书提供免费的电子教案、实例素材和源代码，读者可登录机工教材网（http://www. cmpedu.com）进行下载。

## 关于我们

本书由朱印宏主编，参与资料整理及编写的还有田蜜、常才英、袁祚寿、袁衍明、张敏、袁江、田明学、唐荣华、毛荣辉、卢敬孝、刘玉凤、李坤伟、旷晓军、陈万林、陈锐。

由于作者水平有限，书中难免有疏漏和不足之处，恳请广大读者提出宝贵意见。

编　者

# 目　　录

# 第1章 Flash CS4 概述

**本章要点**
- Flash CS4 基本概念
- Flash CS4 新功能
- Flash CS4 文档操作
- Flash CS4 基本设置

Flash 最早是美国 Macromedia 公司推出的矢量动画和多媒体创作软件，用于网页设计和多媒体创作等领域，功能非常强大。自从 Adobe 公司收购了 Macromedia 公司的全部产品以后，Adobe 公司推出了 Flash 的最新版本 Flash CS4，Flash CS4 是 Flash 的第 10 个版本。使用 Flash CS4，可以轻松创建网页动态内容以及多媒体内容。

众所周知，世界上 97%的计算机上都安装有 Flash Player（Flash 动画播放器），利用包含 Flash 创作工具、渲染引擎和已建立的超过 200 万的设计者和开发者群体的 Flash 平台，可以制作出各种各样的 Flash 动画。这种动画的体积要比位图动画（如 GIF 动画）的体积小很多，用户不但可以在动画中加入声音、视频和位图图像，还可以制作交互式的影片或具有完备功能的网站。在网站制作过程中，Flash CS4 可以与 Dreamweaver、Fireworks、Photoshop、Illustrator 等 CS4 系列软件有效配合，简化工作流程，高效地制作内容更丰富、交互性更强的网站。

## 1.1 Flash CS4 的新功能

Flash CS4 较之前版本的软件，在功能上有了很大的提高，下面进行详细介绍。

### 1.1.1 Adobe Flash CS4 界面

Flash CS4 重新划分了界面布局，把菜单栏放到了窗口的顶部，使得工作区域更整洁，画布的面积更大，并改进了工具的交互，以便于操作，如图 1-1 所示。

工作区预设调板与菜单栏合为一体，工作区预设增加为 6 种，分别是"动画"、"传统"、"调试"、"设计人员"、"开发人员"和"基本功能"，其中，默认的预设为"基本功能"，如图 1-2 所示。"基本功能"工作区域的排列方式作为默认的状态出现，是 Adobe 公司推荐的 Flash CS4 工作区预设，它不仅将时间轴放到了界面下方，还将工具箱和属性面板都放到了右边，从而与 Adobe 公司的视频编辑软件 After Effects 和 Premiere 的界面进行统一。

除此之外，通过程序界面右上角的搜索栏，可以很方便的搜索到官方网站上的社区帮助信息，如图 1-3 所示。

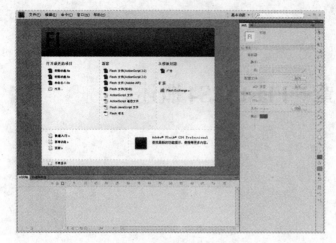

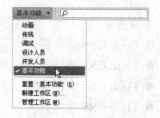

图 1-1　Flash CS4 的程序界面　　　　　　　　图 1-2　工作区预设

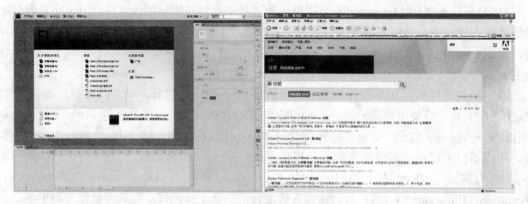

图 1-3　软件内置的搜索功能

## 1.1.2　基于对象的动画

Flash CS4 保留了传统关键帧动画和补间动画类型，新增了基于对象的动画形式，可以直接将动画补间效果应用于对象本身，而对象的移动轨迹可以很方便地运用贝塞尔曲线进行细微调整，这一点和同期被 Adobe 公司纳入旗下的多媒体软件 Director 相同，移动轨迹的加入简化了引导层的操作，提高了工作效率，如图 1-4 所示。

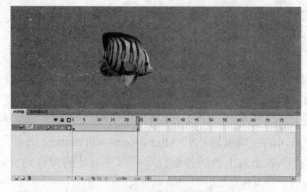

图 1-4　基于对象的动画

### 1.1.3 动画编辑器和动画预设面板

动画编辑器无论是看起来还是使用起来都像 After Effects 的合成面板，通过动画编辑器，可以查看所有补间属性及其属性关键帧。动画编辑器还提供了向补间添加精度和详细信息的工具，以显示当前所选补间的属性。在时间轴中创建补间后，动画编辑器可以以多种方式来控制补间，如图 1-5 所示。使用动画编辑器可以进行以下操作：

- 设置各属性关键帧的值。
- 添加或删除各个属性的属性关键帧。
- 将属性关键帧移动到补间内的其他帧。
- 将属性曲线从一个属性复制到另一个属性。
- 翻转各属性的关键帧。
- 重置各属性或属性类别。
- 使用贝塞尔工具对大多数单个属性的补间曲线的形状进行微调（X、Y 和 Z 属性没有贝塞尔）。
- 添加或删除滤镜（颜色）并调整其设置。
- 向各个属性和属性类别添加不同的预设缓动。
- 创建自定义缓动曲线。
- 将自定义缓动添加到各个补间属性和属性组中。
- 对 X、Y 和 Z 属性的各个属性关键帧启用缓动功能。通过缓动，可以将属性关键帧移动到不同的帧或在各个帧之间移动以创建流畅的动画。

动画预设是作为动画编辑窗口的辅助面板出现的，其外观就像 After Effects 的特效面板，就连功能也很类似。读者可以使用动画预设来完成动画的编辑与修改，也可以将所编辑完成的各种动画效果在动画预设里保存下来，以方便今后使用，如图 1-6 所示。

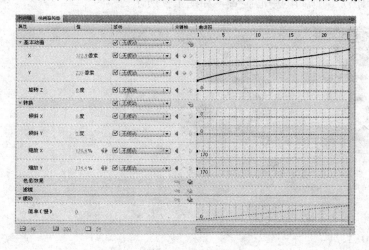

图 1-5　动画编辑器

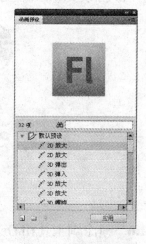

图 1-6　动画预设面板

### 1.1.4 骨骼动画

骨骼工具的引入对于 Flash 软件而言绝对是场革命，它将大大提高动画制作的效率。骨骼工具不但可以控制原件的联动，更可以控制单个形状的扭曲及变化。与以骨骼动画出名的 2D 动画软件 Anime Studio Pro 相比，Flash 有相当多的地方需要改进，如目前骨骼工具还不能直接作用于位图，如图 1-7 所示。在属性面板中，读者可以对骨骼动画进行细微的调整，如图 1-8 所示。

图 1-7　骨骼动画　　　　　　图 1-8　在属性面板中对骨骼动画进行设置

## 1.1.5　3D 变形

基于 ActionScript 3.0 的 3D 旋转工具和 3D 平移工具的引入，是一项创新的举动，现在用户可以通过 3D 旋转工具和 3D 平移工具，为原本 2D 的影片剪辑元件添加具有空间感的补间动画，可以沿 X、Y、Z 轴任意旋转和移动对象，从而产生极具透视效果的动画，但视角是不能发生改变的，即视觉的焦点为画布的中心位置，如图 1-9 所示。

图 1-9　3D 变形

## 1.1.6　喷涂刷工具和 Deco 工具

可以将任何元件转变为设计元素，并将其应用于喷涂刷工具和 Deco 工具。使用喷涂刷工具可以在指定区域随机喷涂元件（特别适合添加一些特殊效果，例如星光、雪花、落叶等画面元素），极大地拓展了 Flash 的表现力，如图 1-10 所示。使用 Deco 工具可以快速创建类似于万花筒的效果，如图 1-11 所示。

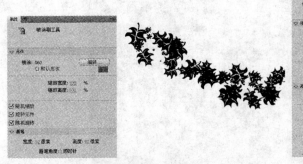

图 1-10　喷涂刷工具　　　　　　　　　　　　　图 1-11　Deco 工具

## 1.2　新的扩展组件

在 Flash CS4 的安装包中，除了主程序以外，还包含 Adobe Media Encoder CS4、Adobe Device Central CS4、Adobe Pixel Bender Toolkit、Adobe Bridge CS4、Adobe Drive CS4、Adobe Extension Manager CS4、Adobe ExtendScript Toolkit CS4 和 Adobe Media Player 这 8 个组件。

### 1.2.1　Adobe Media Encoder CS4

作为视频转换组件，Media Encoder 变得更为易用，通常的转码设置，无须进入下一级菜单，即可直接选择格式转换，如图 1-12 所示。

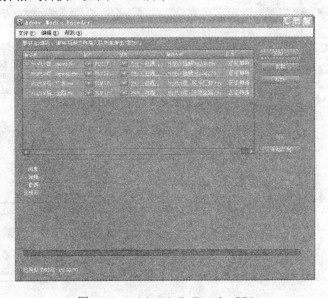

图 1-12　Adobe Media Encoder CS4

而详细的转码设置菜单与 Premiere 等视频编辑软件的输出菜单看齐，使得转码设置更为直观和专业，而且支持 Alpha 通道，如图 1-13 所示。

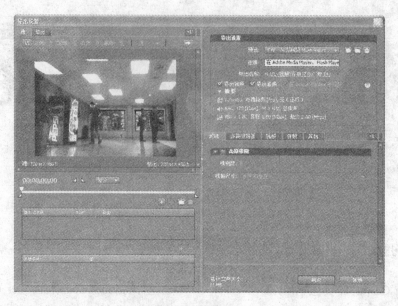

图 1-13　导出设置

## 1.2.2　Adobe Device Central CS4

Device Central CS4 与之前版本相比并无明显变化，仍旧提供各种型号的手持设备，以检测 Flash 动画的运行情况，如图 1-14 所示。

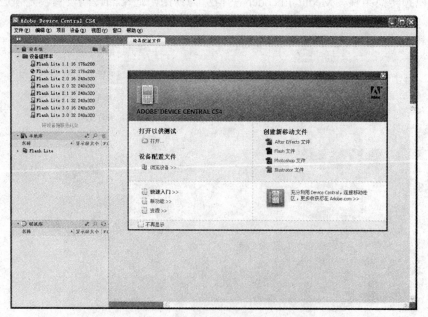

图 1-14　Adobe Device Central CS4

## 1.2.3　Adobe Pixel Bender Toolkit

Pixel Bender Toolkit 是新加入的组件，它类似 C 语言的图形处理语言，基于 GLSL。使用 Pixel Bender，可以编写自己的滤镜并在 Flash 中使用，如图 1-15 所示。

### 1.2.4 Adobe Bridge CS4

Adobe Bridge CS4 是一款类似于 ACDSee 的看图软件，但其功能更加强大，CS4 版本的 Bridge 并没有太大的改进，只是菜单栏下有些小的调整，如图 1-16 所示。

图 1-15　Adobe Pixel Bender Toolkit　　　　　　　图 1-16　Adobe Bridge CS4

### 1.2.5 Adobe Drive CS4

Drive 是新加入的组件，主要用于团队基于网络的协同作业，从而快速高效的完成设计项目。为方便使用，Drive 被直接加入到了右键菜单中，如图 1-17 所示。

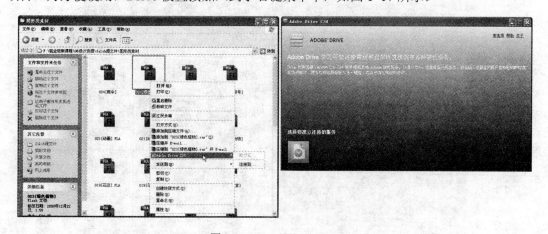

图 1-17　Adobe Drive CS4

### 1.2.6 Adobe Extension Manager CS4

Extension Manager CS4 的界面跟之前版本的大不相同，它将部分工具栏合并到了菜单栏中，而菜单栏的划分更加条理，使得操作变得更为简洁方便，如图 1-18 所示。

### 1.2.7　Adobe ExtendScript Toolkit CS4

ExtendScript Toolkit CS4 是 Adobe 的脚本编写工具，可以通过编写 JavaScript 脚本程序，为 CS4 套装里的软件（如 Photoshop 或者 Flash）编写脚本，如图 1-19 所示。

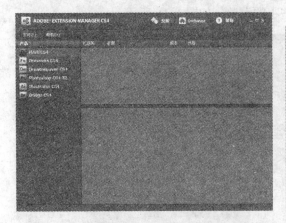
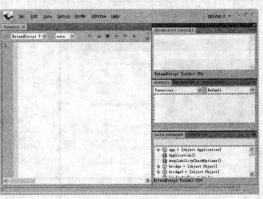

图 1-18　Adobe Extension Manager CS4　　　　图 1-19　Adobe ExtendScript Toolkit CS4

### 1.2.8　Adobe Media Player

一直处于试验阶段的 Adobe Media Player，这次作为 CS4 的组件闪亮登场了，与之前的版本相比，这个 1.1 的版本的确改进了不少，合作的频道也相当得多，如图 1-20 所示。

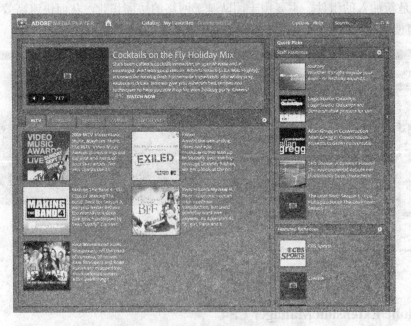

图 1-20　Adobe Media Player

在 CS4 之前，FLV 文件的默认打开方式为 Flash Player，而现在 FLV 和 F4V 的默认打开方式变成了 Adobe Media Player，并且播放效果相当不错，还可以看到视频的缩略图。

## 1.3 网页动画大师 Flash CS4

Flash 软件主要的应用方向就是网络矢量图形的显示和动画处理，它不仅制作动画的功能强大，还支持声音控制和丰富的交互功能。由于使用它制作的动画文件远远小于使用其他软件制作的动画文件，并且采用了网络流式播放技术，使得动画在较慢的网络上也能快速地播放，因此，Flash 动画技术在网络中逐渐占据了主导地位，越来越多的网络应用了 Flash 动画技术，下面介绍一些常见的 Flash 网页动画的应用方向。

- 动画短片：这是当前国内最火爆，也是广大 Flash 爱好者最热衷应用的一个领域，它的发展潜力很大。其典型代表是"大话三国"和小小作品等，如图 1-21 所示。
- 网站片头：网站以片头作为过渡页面，在片头中播放一段简短精美的动画，就像电视的栏目片头一样，可以在很短的时间内把自己的整体信息传达给访问者，增加访问者的印象，给访问者建立良好的形象，如图 1-22 所示。

图 1-21 "大话三国"系列

图 1-22 Flash 网站片头

- 网络广告：这是最近几年开始流行的一种形式。有了 Flash，广告在网络上发布才成为了可能。根据调查资料显示，国外的很多企业愿意采用 Flash 制作广告，因为它既可以在网络上发布，又可以存储成视频格式在传统的电视上播放，即 Flash 广告具有一次制作，多平台发布的特点，因此必将会越来越得到更多企业的青睐，如图 1-23 所示。
- MTV：这也是一种应用比较广泛的形式。在一些 Flash 网站上，如"闪客帝国"等，几乎每周都有新的 MTV 作品产生，并且使用 Flash 制作 MTV 也开始有了商业应用，如图 1-24 所示。
- Flash 导航条：Flash 导航条的功能非常强大，是制作菜单的首选，通过鼠标的各种动作，可以实现动画、声音等多媒体效果，如图 1-25 所示。
- Flash 小游戏：利用 Flash 技术开发"迷你"小游戏，在国内是非常流行的。目前，Flash 游戏作品有很多，其中大家熟悉的经典小游戏有打企鹅、抓金块、雷电等，它们让受众参与其中，有很大的娱乐性和休闲性，如图 1-26 所示。

图 1-23 网络广告

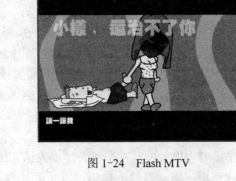

图 1-24 Flash MTV

图 1-25 Flash 导航条

图 1-26 Flash 小游戏

- 产品展示：由于 Flash 有强大的交互功能，所以一些大公司，如 Dell、三星等，都喜欢利用它来展示产品。在产品展示中，客户可以通过方向键选择产品，再选择观看产品的功能、外观等，这种互动的展示方式比传统的展示方式更加直观，如图 1-27所示。

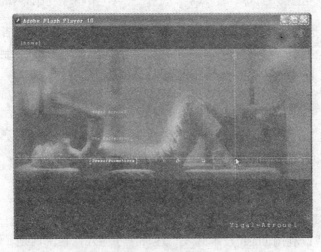

图 1-27 产品展示

## 1.4 网络应用程序大师 Flash CS4

传统网络程序的开发,是基于页面的服务器端数据传递的模式,即把网络程序的表示层建立于 HTML 页面之上。这种基于页面的系统,已经渐渐不能满足网络浏览者更高的、全方位的体验要求了,这就是被 Adobe 公司所称的"体验问题"(Experience Matters),而丰富互联网应用程序(Rich Internet Applications,RIA)的出现正是为了解决这个问题。

丰富互联网应用程序,是将桌面应用程序的交互性与传统 Web 应用的部署灵活性和成本分析结合起来的网络应用程序。丰富互联网应用程序中的客户技术,通过提供可承载已编译客户端应用程序(以文件形式,用 HTTP 传递)的运行环境,将客户端应用程序使用异步客户/服务器架构,连接现有的后端应用服务器,这是一种安全、可升级、具有良好适应性的面向服务模型,这种模型由采用的 Web 服务所驱动。丰富互联网应用程序,结合了声音、视频和实时对话的综合通信技术,使丰富互联网应用程序(RIA)具有前所未有的网上用户体验。Flash 作为 RIA 的一种技术解决方案,逐渐占据了互联网的主导地位,现在很多大型网站完全使用 Flash 技术进行开发,Flash 应用程序开发集中在以下两个方面。

- 应用程序的开发界面:传统应用程序的界面都是静止的图片,由于任何支持 ActiveX 的程序设计系统都可以使用 Flash 动画,所以越来越多的应用程序界面应用了 Flash 动画,如金山词霸的安装界面。
- 开发网络应用程序:目前 Flash 已经大大增强了网络功能,可以直接通过 XML 读取数据,并且增强了与 ColdFusion、ASP、JSP 和 Generator 的整合,所以用 Flash 开发网络应用程序,肯定会越来越广泛的被应用,例如,很多知名公司的大型网站都使用了 Flash 技术进行制作,如图 1-28 所示。

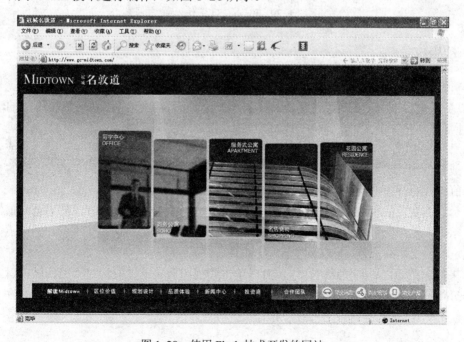

图 1-28　使用 Flash 技术开发的网站

## 1.5 Flash CS4 工作界面

启动 Flash CS4 后，进入主工作界面，该界面与之前版本的界面相比，有了一些变化，即它与其他 Adobe Creative Suite CS4 组件具有一致的外观，从而可以帮助用户更容易的使用多个应用程序，如图 1-29 所示。

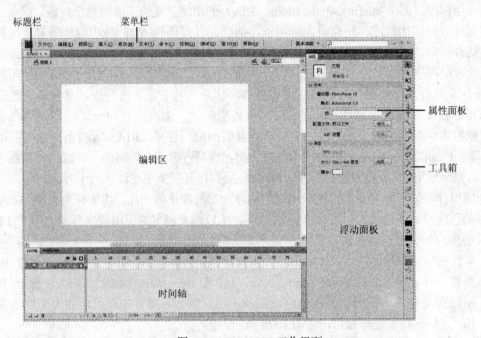

图 1-29　Flash CS4 工作界面

### 1.5.1　编辑区

编辑区是 Flash CS4 提供的制作动画内容的区域，所制作的 Flash 动画内容将完全显示在该区域中。在这里，用户可以充分发挥自己的想象力，制作出充满动感和生机的动画作品。根据工作情况和状态的不同，可以将编辑区分为舞台和工作区两个部分。

编辑区正中间的矩形区域就是舞台（Stage），在编辑时，用户可以在其中绘制或者放置素材（或其他电影）内容，舞台中显示的内容是最终生成动画后，访问者能看到的全部内容，当前舞台的背景也就是生成影片的背景。

舞台周围灰色的区域就是工作区，在工作区里不管放置了多少内容，都不会在最终的影片中显示出来，因此可以将工作区看成舞台的后台。工作区是动画的开始点和结束点，也就是角色进场和出场的地方，它为进行全局性的编辑提供了条件。

如果不想在舞台后面显示工作区，可以单击"视图"菜单，取消对"工作区"（快捷键：〈Ctrl+Shift+W〉）选项的选择。执行该操作后，虽然工作区中的内容不显示，但是在生成影片的时候，工作区中的内容并不会被删除，它仍然存在。

## 1.5.2　菜单栏

在 Flash CS4 中，菜单栏与窗口栏整合在一起，使得界面整体更简洁，工作区域进一步扩大。菜单栏提供了几乎所有的 Flash CS4 命令，用户可以根据不同的功能类型，在相应的菜单下找到所需的功能，其具体操作将在后面的章节中详细介绍。

## 1.5.3　工具箱

工具箱位于界面的右侧，包括工具、查看、颜色以及选项 4 个区域，集中了编辑过程中最常用的命令，如图形的绘制、修改、移动、缩放等操作，都可以在这里找到合适的工具来完成，从而提高了编辑效率。

提示：对于各种工具的具体操作，将在后面的章节中详细介绍。

## 1.5.4　时间轴

时间轴位于工具箱的右侧，编辑区的上方，其中除了时间线以外，还有一个图层管理器，两者配合使用，可以在每一个图层中控制动画的帧数和每帧的效果。时间轴在 Flash 中是相当重要的，几乎所有的动画效果都是在这里完成的，可以说时间轴是 Flash 动画的灵魂，只有熟悉了它的操作和使用方法，才可以在动画制作中游刃有余。

提示：有关这部分的内容，将在动画制作部分介绍。

## 1.5.5　浮动面板

在编辑区的右侧是多个浮动面板，用户可以根据需要，对它们进行任意的排列组合。当需要打开某个浮动面板时，只需在"窗口"菜单下查找并单击就可以了。

## 1.5.6　属性面板

在 Flash CS4 中，属性面板以垂直方式显示，位于编辑区的右侧，该种布局能够利用更宽的屏幕提供更多的舞台空间。严格来说，属性面板也是浮动面板之一，但是因为它的使用频率较高，作用比较重要，用法比较特别，所以从浮动面板中单列出来。在动画的制作过程中，所有素材（包括工具箱及舞台）的各种属性都可以通过属性面板进行编辑和修改，使用起来非常方便。

# 1.6　Flash CS4 文档操作

在制作 Flash 动画之前，必须首先创建一个新的 Flash CS4 文档（就好比绘画，必须首先准备用于绘画的纸张），Flash CS4 为用户提供了非常便捷的文档操作，下面进行简单介绍。

## 1.6.1　打开 Flash CS4 文档

选择"文件"菜单下的"打开"（快捷键：〈Ctrl+O〉）命令，弹出"打开"对话框，如

图 1-30 所示，选择需要打开的文档，单击"打开"按钮即可。

## 1.6.2 新建 Flash CS4 文档

选择"文件"菜单下的"新建"（快捷键：〈Ctrl+N〉）命令，弹出"新建文档"对话框（见图 1-31），进行相应的设置，然后单击"确定"按钮即可。

图 1-30　打开已有的 Flash 文档

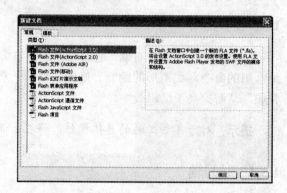

图 1-31　新建 Flash 文档

## 1.6.3 保存 Flash CS4 文档

对于制作好的 Flash 动画，可以选择"文件"菜单下的"保存"（快捷键：〈Ctrl+S〉）命令进行保存。

如果需要将当前文档存到计算机里的另一个位置，并且重命名，可以选择"文件"菜单下的"另存为"（快捷键：〈Ctrl+Shift+S〉）命令进行保存。

## 1.6.4 关闭 Flash CS4 文档

当不需要继续制作 Flash 动画时，可以选择"文件"菜单下的"关闭"（快捷键：〈Ctrl+W〉）命令关闭当前文档。也可以选择"文件"菜单下的"全部关闭"（快捷键：〈Ctrl+Alt+W〉）命令关闭所有打开的文档。

## 1.6.5 退出 Flash CS4

当完成动画的编辑和制作之后，可以单击 Flash 软件右上角的"关闭"按钮关闭当前窗口，也可以选择"文件"菜单下的"退出"（快捷键：〈Ctrl+Q〉）命令退出 Flash 软件。

## 1.6.6 案例上机操作：Flash 文档操作

在制作 Flash 动画之前，必须了解如何在 Flash 中对文档进行相应的操作，具体如下：
1）启动 Flash CS4 软件。
2）选择"文件"菜单下的"新建"（快捷键：〈Ctrl+N〉）命令。
3）在弹出的"新建文档"对话框中，选择"常规"选项卡中的"Flash 文档"选项，如图 1-32 所示。

**注意**：选择 ActionScript 3.0 和 ActionScript 2.0 版本的文档，所创建出来的文档，对

ActionScript 的支持是不一样的，即 ActionScript 3.0 文档支持更多的功能。

4）单击"确定"按钮，创建一个新的 Flash CS4 文档。

5）选择"文件"菜单下的"保存"（快捷键：〈Ctrl+S〉）命令。

说明：Flash 源文件的格式为"FLA"，在计算机中的表示如图 1-33 所示。

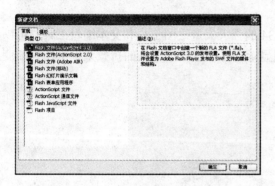

图 1-32　新建 Flash 文档 　　　　　　　　　　图 1-33　Flash 源文件图标

6）在弹出的对话框中设置保存路径和文件名称，单击"确定"按钮保存。

提示：在保存 Flash 源文件的时候，可以选择不同的保存类型，但是不同版本的 Flash 软件只能打开特定类型的文档，例如 Flash CS4 格式的文档，不能够在 Flash CS3 中打开。

7）选择"文件"菜单下的"打开"（快捷键：〈Ctrl+O〉）命令，在弹出的对话框中找到上一步保存的 Flash CS4 文档，单击"打开"按钮将其打开。

说明：Flash 可以打开的文件格式很多，但是一般来说，打开的都是"FLA"格式的源文件，如果要打开"SWF"格式的影片文件，Flash 将会使用 Flash 播放器，而不使用 Flash 编辑软件，如图 1-34 和图 1-35 所示。

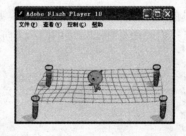

图 1-34　Flash 影片文件图标 　　　图 1-35　使用 Flash 播放器观看动画效果

8）选择"文件"菜单下的"关闭"（快捷键：〈Ctrl+W〉）命令，关闭当前文档，退出 Flash 动画的编辑状态。

## 1.7　Flash CS4 工具箱与动画场景设置

所谓"工欲善其事，必先利其器"，要想顺畅自如地进行动画设计，要想提高工作效率，就必须详细了解 Flash CS4 的基本设置。

### 1.7.1　认识 Flash CS4 的工具箱

Flash CS4 的工具箱中，包含了用户进行矢量图形绘制和图形处理时所需要的大部分工具，用户可以使用它们进行图形设计。Flash CS4 的工具箱，按照具体用途来分，分为工具、查看、颜色和选项 4 个区。

1）工具区：工具区内包含的是 Flash CS4 的强大矢量绘图工具和文本编辑工具。可以单列或双列显示工具，如图 1-36 所示为双列显示。在任意变形工具的折叠菜单里还有渐变变形工具，如图 1-37 所示。

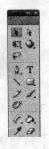

图 1-36　Flash CS4 的工具区　　　　　　图 1-37　任意变形工具折叠菜单

在 3D 旋转工具的折叠菜单里还有 3D 平移工具，如图 1-38 所示。在钢笔工具的折叠菜单里还有添加、删除、转换锚点的工具，如图 1-39 所示。

图 1-38　3D 旋转工具折叠菜单　　　　　　图 1-39　钢笔工具折叠菜单

在矩形工具的折叠菜单里还有椭圆工具、基本矩形工具等，如图 1-40 所示。在刷子工具的折叠菜单里还有喷涂刷工具，如图 1-41 所示。

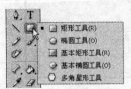

图 1-40　矩形工具折叠菜单　　　　　　　图 1-41　刷子工具折叠菜单

在骨骼工具的折叠菜单里还有绑定工具，如图 1-42 所示。在颜料桶工具的折叠菜单里还有墨水瓶工具，如图 1-43 所示。

图 1-42　骨骼工具折叠菜单　　　　　　　图 1-43　颜料桶工具折叠菜单

2）查看区：包括对工作区中对象进行缩放和移动的工具，如图 1-44 所示。

3）颜色区：包括描边工具和填充工具，如图 1-45 所示。

4）选项区：显示选定工具的功能设置按钮，如图 1-46 所示。

图 1-44 Flash CS4 的查看区　　图 1-45 Flash CS4 的颜色区　　图 1-46 Flash CS4 的选项区

## 1.7.2 设置舞台

Flash 中的舞台好比现实生活中剧场的舞台，其概念在前面已经介绍过，真正的舞台是缤纷多彩的，Flash 中的舞台也不例外。用户可以根据需要，对舞台的效果进行设置。

1）启动 Flash CS4 软件。

2）选择"文件"菜单下的"新建"（快捷键：〈Ctrl+N〉）命令，创建一个新的 Flash CS4 文档。

3）选择"修改"菜单下的"文档"（快捷键：〈Ctrl+J〉）命令，弹出 Flash 的"文档属性"对话框，如图 1-47 所示。

4）在"尺寸"后的文本框中输入文档的宽度和高度，在"标尺单位"下拉列表框中选择标尺的单位，一般选择像素。

5）单击"背景颜色"的颜色选取框，在打开的颜色拾取器中为当前 Flash 文档选择一种背景颜色，如图 1-48 所示。

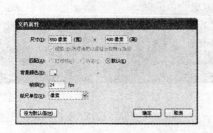 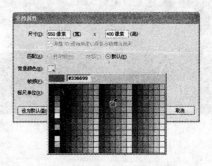

图 1-47 Flash CS4 的"文档属性"对话框　　　图 1-48 Flash CS4 的颜色拾取器

**提示**：在 Flash 的颜色拾取器中，只能选择单色作为舞台的背景颜色，如果需要使用渐变色做为舞台的背景，可以在舞台上绘制一个和舞台同样尺寸的矩形，然后填充渐变色。

6）在"帧频"文本框中设置当前影片的播放速率，"fps"的含义是每秒钟播放的帧数，Flash CS4 默认的帧频为 12。

**说明**：并不是所有 Flash 影片的帧频都要设置为 12，而是要根据实际的影片发布需要来设置，如果制作的影片是要在多媒体设备上播放的，比如电视、计算机，那么帧频一般设置为 24，如果是在互联网上进行播放，帧率一般设置为 12。

### 1.7.3  标尺、辅助线和网格

由于舞台是集中展示动画的区域，因此对象在舞台上的位置非常重要，需要用户精确把握。Flash CS4 提供了 3 种辅助工具，用于对象的精确定位，它们是标尺、网格和辅助线。

**1．使用标尺**

标尺能够帮助用户测量、组织和计划作品的布局。由于 Flash 图形旨在用于网页，而网页中的图形是以像素为单位进行度量的，所以大部分情况下，标尺以像素为单位，如果需要更改标尺的单位，可以在"文档属性"对话框中进行设置，如果需要显示和隐藏标尺，可以选择"视图"→"标尺"（快捷键：〈Ctrl+Alt+Shift+R〉）命令，此时，垂直标尺和水平标尺会出现在文档窗口的边缘，如图 1-49 所示。

**2．使用辅助线**

辅助线是用户从标尺拖到舞台上的线条，主要用于放置和对齐对象。用户可以使用辅助线来标记舞台上的重要部分，如边距、舞台中心点和要在其中精确地进行工作的区域，操作步骤如下。

1）打开标尺。

2）单击并从相应的标尺拖动。

3）在画布上定位辅助线并释放鼠标按钮，如图 1-50 所示。

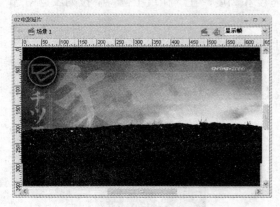
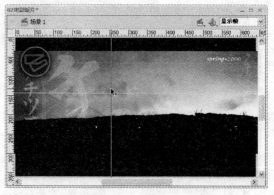

图 1-49  Flash CS4 中的标尺          图 1-50  Flash CS4 中的辅助线

4）对于不需要的辅助线，可以将其拖曳到工作区取消，或者选择"视图"→"辅助线"→"隐藏辅助线"（快捷键：〈Ctrl+;〉）命令隐藏。

**提示：** 用户可以通过拖动重新定位辅助线，可以将对象与辅助线对齐，也可以锁定辅助线以防止它们意外移动，并且辅助线最终不会随文档导出。

**3．使用网格**

Flash 网格在舞台上显示为一个由横线和竖线构成的体系，它对于精确放置对象很有用。用户可以查看和编辑网格、调整网格大小以及更改网格的颜色。

● 选择"视图"→"网格"→"显示网格"（快捷键：〈Ctrl+'〉）命令，显示和隐藏网

格，如图 1-51 所示。

- 选择"视图"→"网格"→"编辑网格"（快捷键：〈Ctrl+Alt+G〉）命令，更改网格颜色或网格尺寸，如图 1-52 所示。

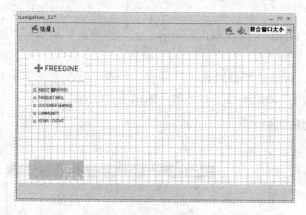

图 1-51　Flash CS4 中的网格

图 1-52　编辑网格

- 选择"视图"→"对齐"→"对齐网格"（快捷键：〈Ctrl+Shitf+'〉）命令，使对象与网格对齐。

注意：网格最终不会随文档导出，它只是一种设计工具。

### 1.7.4　场景操作

与电影里的分镜头十分相似，场景就是在复杂的 Flash 动画中，几个相互联系，而又性质不同的分镜头，即不同场景之间的组合和互换构成了一个精彩的多镜头动画。一般比较大型的动画和复杂的动画经常使用多场景。在 Flash CS4 中，通过场景面板对影片的场景进行控制。

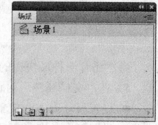

- 选择"窗口"→"其他面板"→"场景"（快捷键：〈Shift+F2〉）命令打开场景面板，如图 1-53 所示。
- 单击"复制场景"按钮，复制当前场景。
- 单击"新建场景"按钮，添加一个新的场景。
- 单击"删除场景"按钮，删除当前场景。

图 1-53　场景编辑面板

## 1.8　案例上机操作：设置"我的第一个动画"Flash 文档

在开始使用 Flash CS4 创作动画之前，先来制作一个简单的动画，让用户对动画制作的整个流程有一个大概的认识，该动画制作流程和任何复杂动画的制作流程都是一样的。

### 1.8.1　设置舞台属性

首先设置 Flash CS4 的舞台属性，就好比在绘画之前，准备纸张一样，Flash CS4 舞台属性的设置如下。

1）启动 Flash CS4 软件。

2）选择"文件"菜单下的"新建"命令（快捷键：〈Ctrl+N〉），弹出"新建文档"对话框，如图 1-54 所示。

3）选择"新建文档"对话框中的"Flash 文件（ActionScript 3.0）"命令，然后单击"确定"按钮。

4）接下来要设置影片文件的大小、背景色和播放速率等参数。选择"修改"菜单下的"文档"（快捷键：〈Ctrl+J〉）命令，弹出"文档属性"对话框，如图 1-55 所示。

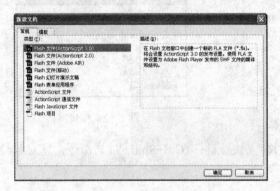

图 1-54 "新建文档"对话框

图 1-55 Flash CS4 的"文档属性"对话框

或者双击时间轴中的图 1-56 所示的位置，同样可以弹出"文档属性"对话框。

图 1-56 双击图中所示的位置

当然还有一种最快捷的方法，就是使用界面右方的"属性"面板，如图 1-57 所示。

5）在"文档属性"对话框中进行如下设置。

● 设置尺寸为 400 像素×300 像素。

● 设置舞台的背景颜色为黑色。

● 设置完毕后，单击"确定"按钮。

6）接下来要修饰一下舞台背景。选择工具箱中的矩形工具（见图 1-58），然后将颜色区中的笔触设置为无色，填充设置为白色。

图 1-57 在属性面板里设置文档属性

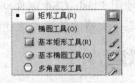

图 1-58 选择矩形工具

7）使用矩形工具在舞台的中央绘制一个没有边框的白色矩形，如图 1-59 所示。

图 1-59　在舞台中绘制白色无边框矩形

8）选择工具箱中的文本工具，单击舞台的左上角，输入"Flash CS4 动画制作"，然后在属性面板中设置文本的属性，如图 1-60 所示。

图 1-60　输入文本并设置其属性（a）

9）选择工具箱中的文本工具，在舞台的下方单击，输入"网页顽主 www.go2here.net.cn"，然后在属性面板中设置文本的属性，如图 1-61 所示。

图 1-61　输入文本并设置其属性（b）

10）以上所有的操作都是在"图层 1"中完成，为便于操作，将"图层 1"更名为"背景"，如图 1-62 所示。

图 1-62　更改图层名称

## 1.8.2　创建动画效果

1）为避免在编辑的过程中，对"背景"图层中的内容进行操作，可以单击"背景"图层与小锁图标交叉的位置，锁定"背景"图层，如图1-63所示。

图1-63　锁定"背景"图层

2）单击时间轴左下角的"新建图层"按钮 🗔，创建"图层2"，如图1-64所示（接下来的操作将在"图层2"中完成）。

图1-64　新建"图层2"

3）选择"文件"→"导入"→"导入到舞台"（快捷键：〈Ctrl+R〉）命令，如图1-65所示。

4）在弹出的"导入"对话框中查找需要导入的素材文件，然后单击"打开"按钮，如图1-66所示。

图1-65　导入素材的命令　　　　　　　　图1-66　选择要导入的素材

5）此时，导入的素材会出现在舞台上，如图1-67所示。

6）选中舞台中的图片素材，选择"修改"→"转换为元件"命令，在弹出的"转换为元件"对话框中进行相关设置，把图片转换为一个图形元件，如图1-68所示。

图1-67　导入到舞台中的素材　　　　　　图1-68　"转换为元件"对话框

7）使用选择工具 ，把转换好的图形元件拖曳到舞台的最右边，如图 1-69 所示。

8）选中"图层 2"的第 30 帧，按〈F6〉键，插入关键帧，然后把该帧中的图形元件"超人"水平移动到舞台的最左侧，如图 1-70 所示。

图 1-69　移动元件的位置

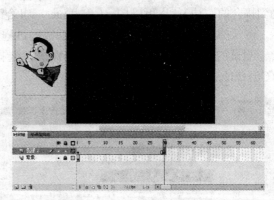

图 1-70　设置第 30 帧的元件

9）为了能在整个动画的播放过程中看到所制作的背景，选中"背景"图层的第 30 帧，按〈F5〉键，插入静态延长帧，延长"背景"图层的播放时间，如图 1-71 所示。

10）右击"图层 2"第 1～29 帧之间的任意一帧，在弹出的快捷菜单中选择"创建传统补间"命令，如图 1-72 所示。

图 1-71　延长"背景"图层的播放时间

图 1-72　选择补间动画的类型

11）此时，在时间轴上会看到紫色的区域和由左向右的箭头，这就是成功创建传统补间动画的标志，如图 1-73 所示。

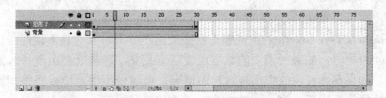

图 1-73　传统补间动画创建完成

这样整个动画就制作完成了。

### 1.8.3 测试动画

用户可以在舞台中直接按〈Enter〉键预览动画效果（会看到超人快速地从舞台的右边移动到舞台的左边），也可以按〈Ctrl+Enter〉组合键在 Flash 播放器中测试动画，如图 1-74 所示，测试的过程一般是用来检验交互功能的过程。

测试的另一种方法就是利用菜单命令，选择"控制"菜单下的"测试影片"（快捷键：〈Ctrl+Enter〉）命令，如图 1-75 所示。

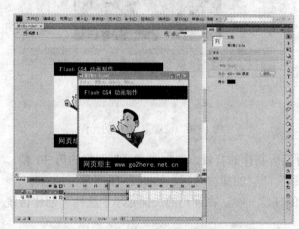

图 1-74　在 Flash 播放器中测试动画

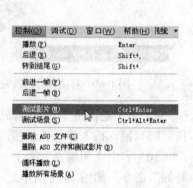

图 1-75　主菜单中的测试命令

## 1.8.4　动画的保存、导出和发布

动画制作完毕后要进行保存，选择"文件"菜单下的"保存"（快捷键：〈Ctrl+S〉）命令可以将动画保存为".FLA"的 Flash 源文件格式。也可以选择"另存为"（快捷键：〈Ctrl+Shift+S〉）命令，在弹出的对话框中设置"保存类型"为"Flash CS4 文档"，扩展名为".FLA"，然后单击"保存"按钮进行保存。

其实所有的 Flash 动画源文件，其格式都是".FLA"，但是如果将其导出，则可能是 Flash 支持的任何格式，默认的导出格式为".SWF"。

动画的导出和发布很简单，选择"文件"菜单下的"发布设置"（快捷键：〈Ctrl+Shift+F12〉）命令，弹出如图 1-76 所示的对话框，设置输出文件的类型为 Flash、GIF、JPG 以及 QuickTime 影片等（默认选中的是"Flash"和"HTML"两项），然后单击"发布"按钮，即可发布动画。

为了使 Flash 动画在 Internet 上能够正常播放，在导出时要对其下载性能进行测试。当影片播放下一帧内容时，如果所需要的数据还没有下载完，影片就会出现暂时的停顿，等待数据传送完毕。如果在影片播放中出现这样的情况，可以使用带宽检视器来判断这种情况可能会发生在影片的什么位置。按〈Ctrl+Enter〉组合键测试动画，然后在打开的 Flash 播放器窗口中选择"视图"→"带宽设置"（快捷键：〈Ctrl+B〉）命令，可以看到测试下载性能的图表，如图 1-77 所示。

带宽检视器可以根据所定义的不同调制解调器的速率，以图表的形式直观地表现出影片每帧所传送的数据。设置不同调制解调器速率的方法是：按〈Ctrl+Enter〉组合键来测试动画，然后在打开的 Flash 播放器窗口中，选择"视图"→"下载设置"命令下的速率，如图 1-78 所示。

图 1-76　"发布设置"对话框

图 1-77　带宽检视器

另一种导出影片的方法为：选择"文件"→"导出"→"导出影片"（快捷键："Ctrl+Alt+Shitf+S"）命令，在弹出的"导出影片"对话框中选择导出格式，如图 1-79 所示。

图 1-78　选择需要的速率

图 1-79　"导出影片"对话框

到此为止，整个动画制作完毕。在以后的制作中，不管大家制作什么样的动画效果，其制作流程和方法都是一样的。

## 1.9　习题

### 1. 选择题

（1）在已经选择"对齐网格"命令，且网格的对齐选项处于贴紧对齐状态时，关于辅助线的说法正确的是（　　）。

A. 辅助线可以自由放置

B. 辅助线只能放置在网格线上

C. 若处于最近网格线的"容与度"尺寸内，则只能放置在网格线上；若处于最近网格线的"容与度"尺寸外，则可以自由放置

D. 辅助线不能放置在网格线上

（2）要查看电影剪辑的动画和交互性，正确的操作是（　　）。

A. 选择"控制"→"调试影片"命令

B. 选择"控制"→"测试影片"命令

C. 选择"控制"→"测试场景"命令

D. A 和 B 均可

（3）默认的 Flash 影片的帧频是多少（　　）。

A. 10

B. 12

C. 15

D. 25

（4）在任何时候，要把所选工具改变为手形工具，只需按键盘上的（　　）。

A. 空格键

B. Alt 键

C. Ctrl 键

D. Shift 键

（5）Flash 影片的源文件格式为（　　）。

A. SWF

B. FLA

C. MOV

D. JPG

## 2. 操作题

（1）将 Flash CS4 安装到计算机上，并建立启动该程序的快捷方式。

（2）熟记工具箱中各个工具的快捷键。

（3）创建一个名为"新动画"的文件。

（4）制作一个简单动画。

# 第 2 章　Flash CS4 绘图基础

**本章要点**
- Flash CS4 中路径的绘制
- Flash CS4 中形状的绘制
- Flash CS4 中基本绘图工具的使用

图形的绘制是制作动画的前提，也是制作动画的基础。每个精彩的 Flash 动画都少不了精美的图形素材，虽然很多时候可以通过导入图片进行加工来获取，但有些图形却必须由用户亲手绘制，尤其是一些表现特殊效果及有特殊用途的图片，除了亲手绘制外别无他法。

Flash CS4 拥有强大的绘图工具，可以利用绘图工具绘制几何形状、上色和擦除等。用户只要会使用鼠标，就可以在 Flash 中创建图形，进而制作出丰富多彩的动画效果。可以说对于 Flash 动画的制作，素材的创建起着举足轻重的地位，熟练地掌握 Flash CS4 的绘图技巧，将为制作精彩的 Flash 动画奠定坚实的基础。本章将着重介绍如何使用 Flash CS4 工具箱中的工具进行一些基本图形的绘制。

## 2.1　对象的选取

选择工具是工具箱中使用最频繁的工具，主要用于对工作区中的对象进行选择和对一些路径进行修改。部分选取工具主要用于对图形进行细致的变形处理。

### 2.1.1　选择工具

选择工具 ▣ 可用于抓取、选择、移动和改变图形形状，它是 Flash 中使用最多的工具，选中该工具后，在工具箱下方的工具选项中会出现 3 个附属按钮（见图 2-1），通过这些按钮可以完成以下操作。

1）"对齐"按钮：单击该按钮，然后使用选择工具拖曳某一对象时，光标将出现一个圆圈，若将它向其他对象移动，则会自动吸附上去，有助于将两个对象连接在一起。另外此按钮还可以使对象对齐辅助线或网格。

2）"平滑"按钮：对路径和形状进行平滑处理，消除多余的锯齿。可以柔化曲线，减少整体凹凸等不规则变化，形成轻微的弯曲。

3）"伸直"按钮：对路径和形状进行平直处理，消除路径上多余的弧度。

**提示：** "平滑"按钮和"伸直"按钮只适用于形状对象（就是直接用工具在舞台上绘制的填充和路径），而对于群组、文本、实例和位图不起作用。

为了说明"平滑"按钮和"伸直"按钮的作用，最好的方法就是通过实例看一下操作的结果。在图 2-2 中，左侧的曲线是使用铅笔工具所绘制的，它是凹凸不平而且带有毛刺的，使用鼠标徒手绘制的结果大多如此。图中间及右侧的曲线分别是经过 3 次平滑和伸直操作得到的，用户可以看出曲线变得非常光滑。

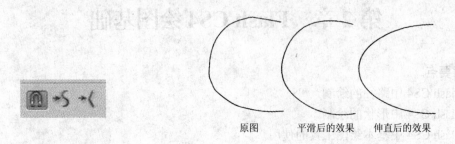

<table>
<tr><td></td><td>原图</td><td>平滑后的效果</td><td>伸直后的效果</td></tr>
</table>

图 2-1　选择工具的选项　　　　　　　　　　　　图 2-2　平滑和伸直效果

在工作区使用选择工具选择对象时，应注意下面几个问题。

**1. 选择一个对象**

如果选择的是一条直线，一组对象或文本，只需要在该对象上单击即可；如果所选的对象是图形，单击一条边线并不能选择整个图形，而需要在某条边线上双击。在图 2-3 中，左侧是单击选择一条边线的效果，右侧是双击一条边线后选择所有边线的效果。

**2. 选择多个对象**

选择多个对象的方法主要有两种：使用选择工具框选或者按住〈Shift〉键进行复选，如图 2-4 所示。

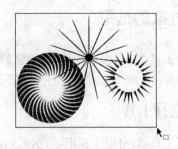

图 2-3　不同的选择效果　　　　　　　　　　　　图 2-4　框选多个对象

**3. 裁剪对象**

在框选对象的时候，如果只框选了对象的一部分，那么将会对对象进行裁剪操作，如图 2-5 所示。

**4. 移动拐角**

若要利用选择工具移动对象的拐角，当鼠标指针移动到对象的拐角点上时，鼠标指针的形状会发生变化，如图 2-6 所示。这时可以按住鼠标左键并拖曳鼠标，改变前拐点的位置，当移动到指定位置后释放左键即可。移动拐点前后的效果如图 2-7 所示。

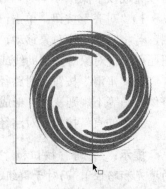

图 2-5　裁剪对象

图 2-6　选择拐点时鼠标指针的变化　　　　　　　　图 2-7　移动拐点的过程

### 5. 将直线变为曲线

将选择工具移动到对象的边缘时，鼠标指针的形状会发生变化，如图 2-8 所示。这时按住鼠标左键并拖曳鼠标，当移动到指定位置后释放左键即可。直线变曲线的前后效果如图 2-9 所示。

图 2-8　选择对象边缘时鼠标指针的变化　　　　　图 2-9　直线到曲线的变化过程

### 6. 增加拐点

用户可以在线段上增加新的拐点，当鼠标指针下方出现一个弧线的标志时，按住〈Ctrl〉键进行拖曳，当移动到适当位置后释放左键，就可以增加一个拐点，如图 2-10 所示。

图 2-10　添加拐点的操作

### 7. 复制对象

使用选择工具可以直接在工作区中复制对象。方法是：首先选择需要复制的对象，然后按住〈Ctrl〉键或者〈Alt〉键，拖曳对象至工作区上的任意位置，然后释放鼠标左键，即可生成复制对象。

## 2.1.2　部分选取工具

使用部分选取工具 可以像使用选择工具那样选择并移动对象，还可以对图形进行变形等处理。当使用部分选取工具选择对象时，对象上将会出现很多的路径点，表示该对象已经被选中，如图 2-11 所示。

### 1. 移动路径点

使用部分选取工具选择图形，在其周围会出现一些路径点，把鼠标指针移动到这些路径点上，在鼠标指针的右下角会出现一个白色的正方形，拖曳路径点可以改变对象的形状，如图 2-12 所示。

图 2-11 被部分选择工具选中的对象　　　　　　图 2-12 移动路径点

**2. 调整路径点的控制手柄**

当选择路径点进行移动的过程中，在路径点的两端会出现调节路径弧度的控制手柄，并且选中的路径点将变为实心，拖曳路径点两边的控制手柄，可以改变曲线弧度，如图 2-13 所示。

**3. 删除路径点**

使用部分选取工具选中对象上的任意路径点后，单击〈Delete〉键可以删除当前选中的路径点，删除路径点可以改变当前对象的形状。在选择多个路径点时，同样可以框选或者按〈Shift〉键进行复选，如图 2-14 所示。

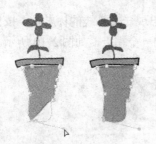

图 2-13 调整路径点两端的控制手柄　　　　　　图 2-14 删除路径点

## 2.2 Flash CS4 中的对象绘制模式

在早期的 Flash 版本中，当同一图层的形状或线条叠加在一起时，是会互相裁切的，这给初学者带来了不少麻烦，最常见的就是移动对象时"拖泥带水"，即只把填充移走了，而轮廓线留在原处，给后面的动画操作带来不必要的麻烦，如图 2-15 所示。

在 Flash CS4 中，在保留原来绘图模式的基础上，又添加了一种对象绘制模式，它类似于 Illustrator 等矢量图形软件中的方式。如果使用了该模式，在同一层中绘制出的形状和线条会自动成组，并且在移动时不会互相切割、互相影响。用户可以在钢笔、刷子、形状等工具的选项中找到该设置，如图 2-16 所示。

当然这并不意味着在该种模式下，用户无法完成对象的组合和切割。Flash CS4 提供了更完善和标准的方法，即在"修改"→"合并对象"菜单下添加了一些新的命令，如图 2-17 所示。

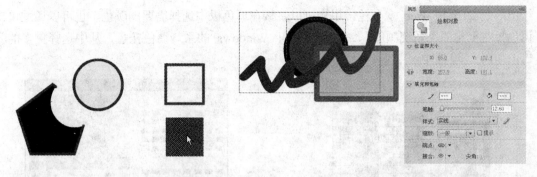

图 2-15　同一图层的对象裁切　　　　　图 2-16　对象绘制模式

这些命令是在任何一个矢量绘图软件里都有的矢量运算命令，它们用于对多个路径进行运算，从而生成新的形状。在 Fireworks 中，它们被称为"组合路径"。如图 2-18 所示为对两个叠加在一起的图形，使用"合并对象"命令后的效果。

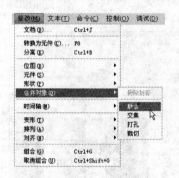

图 2-17　"合并对象"命令

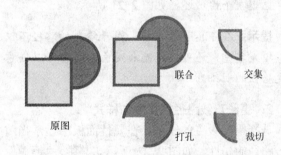

图 2-18　使用"合并对象"命令得到的效果

合理、灵活地运用这些命令必定会为作品添姿增彩。

## 2.3　绘制路径

在 Flash 中，路径和路径点的绘制是最基本的操作，绘制路径的工具有线条工具、钢笔工具和铅笔工具。绘制路径的方法非常简单，只需使用这些工具在合适的位置单击即可，至于具体使用哪种工具，要根据实际的需要来选择。绘制路径的主要目的是为了得到各种形状。

### 2.3.1　线条工具

选择线条工具 ，拖曳鼠标可以在舞台中绘制直线路径。通过设置属性面板中的相应参数，还可以得到各种样式、粗细不同的直线路径。

**提示：** 在使用线条工具绘制直线路径的过程中，按住〈Shift〉键，可以使绘制的直线路径围绕 45°角进行旋转，从而很容易地绘制出水平和垂直的直线。

#### 1. 更改直线路径的颜色

单击工具箱中的"笔触颜色"按钮，会打开一个调色板，如图 2-19 所示。调色板中所给出的是 216 种 Web 安全色，用户可以直接在调色板中选择需要的颜色，也可以通过单击调色板右上角的"系统颜色" 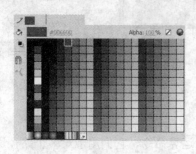 按钮，打开 Windows 的系统调色托盘，从中选择更多的颜色，如图 2-20 所示。

图 2-19  "笔触颜色"的调色板

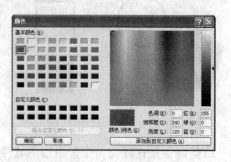

图 2-20  Windows 的系统调色托盘

同样，颜色设置也可以从属性面板的笔触颜色中进行调整，由于其操作和上面的操作相似，这里就不再赘述，如图 2-21 所示。

**提示**：在 Flash CS4 中，对于绘制的路径不仅可以填充单色，还可以填充渐变色，同时可以任意改变路径的粗细。

#### 2．更改直线路径的宽度和样式

选择需要设置的线条，在属性面板中显示当前直线路径的属性，如图 2-22 所示。其中，"笔触"文本框设用于置直线路径的宽度，用户可以其在文本框中手动输入数值，也可以通过拖曳滑块设置；"样式"下拉列表用于设置直线路径的样式效果，用户可以根据需要进行设置，如图 2-23 所示。

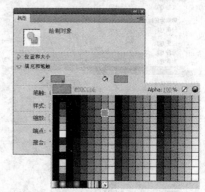

图 2-21  属性面板中的笔触颜色

图 2-22  直线路径的属性

图 2-23  直线路径的宽度和样式

若选择"自定义"选项，会打开"笔触样式"面板，在该面板中可以对直线路径的属性进行详细的设置，如图 2-24 所示。

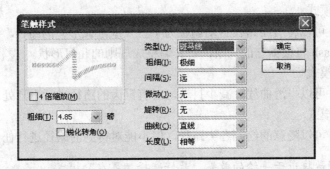

图 2-24　在"笔触样式"面板中设置直线路径的属性

**3. 更改直线路径的端点和接合点**

在 Flash CS4 的属性面板中，可以对所绘路径的端点设置形状，如图 2-25 所示。若分别选择"圆角"和"方形"，其效果如图 2-26 所示。

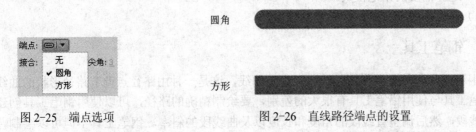

图 2-25　端点选项　　　　　　　　　　图 2-26　直线路径端点的设置

接合点指两条线段的相接处，也就是拐角的端点形状。Flash CS4 提供了 3 种接合点的形状："尖角"、"圆角"和"斜角"，其中，"斜角"是指被"削平"的方形端点。图 2-27 所示为 3 种接合点的形状对比。

尖角　　　　　　　　圆角　　　　　　　　斜角

图 2-27　直线路径接合时的形状

## 2.3.2　铅笔工具

铅笔工具 是一种手绘工具，使用铅笔工具可以在 Flash 中随意绘制路径、不规则的形状。这和日常生活中使用的铅笔一样，只要用户有足够的美术基础，即可利用铅笔工具绘制任何需要的图形。在绘制完成后，Flash 还能够帮助用户把不是直线的路径变直或者把路径变平滑。

在工具箱的选项区中单击"铅笔模式"按钮 后，在弹出的对话框中选择不同的"铅笔模式"类型，有"伸直"、"平滑"和"墨水"3 种选择。

（1）"伸直"模式

选择该模式，可以将所绘路径自动调整为平直（或圆弧形）的路径。例如，在绘制近似矩形或椭圆时，Flash 将根据它的判断，将其调整成规则的几何形状。

（2）"平滑"模式

选择该模式，可以平滑曲线、减少抖动，对有锯齿的路径进行平滑处理。

（3）"墨水"模式

选择该模式，可以随意的绘制各类路径，但不能对得到的路径进行任何修改。

**提示：要得到最接近于手绘的效果，最好选择"墨水"模式。**

使用铅笔工具绘制路径的操作步骤如下：
1）在工具箱中选择铅笔工具（快捷键：〈Y〉）。
2）在属性面板中设置路径的颜色、宽度和样式。
3）选择需要的铅笔模式。
4）在工作区中拖曳鼠标，绘制路径。

### 2.3.3 钢笔工具

钢笔工具 的主要作用是绘制贝塞尔曲线，这是一种由路径点调节路径形状的曲线。使用钢笔工具与使用铅笔工具有很大的差别，要绘制精确的路径，可以使用钢笔工具创建直线和曲线段，然后调整直线段的角度和长度以及曲线段的斜率。钢笔工具不但可以绘制普通的开放路径，还可以创建闭合的路径。

**1. 绘制直线路径**

使用钢笔工具绘制直线路径的操作步骤如下：
1）在工具箱中选择钢笔工具（快捷键：〈P〉）。

**提示：按〈Caps Lock〉键可以改变钢笔光标样式。**

2）在属性面板中设置笔触和填充的属性。
3）返回到工作区，在舞台上单击，确定第一个路径点。
4）单击舞台上的其他位置绘制一条直线路径，继续单击可以添加相连接的直线路径，如图 2-28 所示。
5）如果要结束路径绘制，可以按住〈Ctrl〉键，在路径外单击。如果要闭合路径，可以将鼠标指针移到第一个路径点上单击，如图 2-29 所示。

图 2-28　使用钢笔工具绘制直线路径

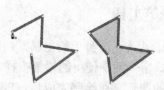

图 2-29　结束路径绘制

**2. 绘制曲线路径**

使用钢笔工具绘制曲线路径的操作步骤如下：

1）在工具箱中选择钢笔工具（快捷键：〈P〉）。

2）在属性面板中设置笔触和填充的属性。

3）返回到工作区，在舞台上单击，确定第一个路径点。

4）拖曳出曲线的方向。在拖曳时，路径点的两端会出现曲线的切线手柄。

5）释放鼠标，将指针放置在希望曲线结束的位置，单击，然后向相同或相反的方向拖曳，如图 2-30 所示。

6）如果要结束路径绘制，可以按住〈Ctrl〉键，在路径外单击。如果要闭合路径，可以将鼠标指针移到第一个路径点上单击。

**提示：**只有曲线点才会有切线手柄。

### 3．转换路径点

路径点分为直线点和曲线点，要将曲线点转换为直线点，在选择路径后，使用转换锚点工具单击所选路径上已存在的曲线路径点，即可将曲线点转换为直线点，如图 2-31 所示。

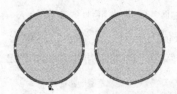

　　图 2-30　曲线路径的绘制　　　　图 2-31　使用转换锚点工具将曲线点转换为直线点

### 4．添加、删除路径点

用户可以使用 Flash CS4 中的添加锚点工具 和删除锚点工具 ，为路径添加或删除路径点，从而得到满意的图形。

添加路径点的方法：选择路径，使用添加锚点工具在路径边缘没有路径点的位置单击，即可完成操作。

删除路径点的方法：选择路径，使用删除锚点工具单击所选路径上已存在的路径点，即可完成操作。

**提示：**在删除路径点时，只能删除直线点。

## 2.4　绘制简单图形

使用 Flash CS4 中的基本形状工具，可以快速绘制想要的图形。

### 2.4.1　椭圆工具和基本椭圆工具

Flash 中的椭圆工具 用于绘制椭圆和正圆，用户可以根据需要任意设置椭圆路径的颜色、样式和填充色。当选择工具箱中的椭圆工具时，在属性面板中就会出现与椭圆工具相关的属性设置，如图 2-32 所示。

使用椭圆工具的操作步骤如下：

1）选择工具箱中的椭圆工具 。

2）根据需要在选项区中选择"对象绘制"模式。

3）在属性面板中设置椭圆的路径和填充属性。

4）在舞台中拖曳鼠标指针，绘制图形。

**提示**：在绘制的过程中按住〈Shift〉键，即可绘制正圆。

图 2-32　椭圆工具对应的属性面板

### 2.4.2　矩形工具和基本矩形工具

矩形工具 用于创建矩形和正方形。矩形工具的使用方法和椭圆工具的一样，所不同的是矩形工具包括一个控制矩形圆角度数的属性，在属性面板中输入一个圆角的半径像素点数值，即能绘制出相应的圆角矩形，如图 2-33 所示。

在"矩形选项"的文本框中，可以输入 0～999 的数值。数值越小，绘制出来的圆角弧度就越小，默认值为"0"，即绘制直角矩形。如果输入"999"，绘制出来的圆角弧度则最大，得到的是两端为半圆的圆角矩形，如图 2-34 所示。

图 2-33　矩形工具的属性面板

图 2-34　边角半径为"999"的圆角矩形

使用矩形工具的操作步骤如下：

1）选择工具箱中的矩形工具 。

2）根据需要，在选项区中选择"对象绘制"模式 。

3）根据需要，在属性面板中控制矩形的圆角度数。

4）在属性面板中设置矩形的路径和填充属性。

5）在舞台中拖曳鼠标，绘制图形。

**提示**：在绘制的过程中按住〈Shift〉键，即可绘制正方形。

与基本椭圆工具一样，Flash CS4 也新增加了基本矩形工具，使用该工具在舞台中绘制矩形以后，如果对矩形圆角的度数不满意，可以随时进行修改。

### 2.4.3 多角星形工具

多角星形工具  用于创建星形和多边形。多角星形工具的使用方法和矩形工具的一样，所不同的是多角星形工具的属性面板中多了"选项"设置按钮，如图 2-35 所示。单击该按钮，在弹出的"工具设置"对话框中，可以设置多角星形工具的详细参数，如图 2-36 所示。

图 2-35　多角星形工具对应的属性面板　　图 2-36　多角星形工具的"工具设置"对话框

使用多角星形工具的操作步骤如下：

1）选择工具箱中的多角星形工具 ○ 。

2）根据需要，在选项区中选择"对象绘制"模式 ○ 。

3）单击多角星形工具属性面板中的"选项"按钮，在弹出的"工具设置"对话框中，设置多角星形工具的详细参数。

4）在属性面板中设置矩形的路径和填充属性。

5）在舞台中拖曳鼠标，绘制图形，如图 2-37 所示。

图 2-37　使用多角星形工具绘制图形

### 2.4.4 刷子工具

刷子工具 ✎ 的绘制效果与日常生活中使用的刷子类似，是为影片进行大面积上色时使用的。使用刷子工具可以为任意区域和图形填充颜色，它对于填充精度要求不高。通过更改刷子的大小和形状，可以绘制各种样式的填充线条。

**提示：**当改变舞台的显示比例时，对刷子绘制出来的线条大小会有影响。

选择刷子工具时，在属性面板中会出现刷子工具的相关属性，如图 2-38 所示。同时，在刷子工具的选项区中也会出现一些刷子的附加功能，如图 2-39 所示。

图 2-38　刷子工具的属性面板设置

图 2-39　刷子工具的选项区

### 1．刷子工具的模式设置

刷子模式用于设置使用刷子绘图时对舞台中其他对象的影响方式，但是在绘图的时候不能使用对象绘制模式。其中各个模式的特点如下。

● 标准绘画：在这种模式下，新绘制的线条会覆盖同一层中原有的图形，但是不会影响文本对象和导入的对象，对比效果如图 2-40 所示。

● 颜料填充：在这种模式下，只能在空白区域和已有的矢量色块填充区域内绘制，并且不会影响矢量路径的颜色，对比效果如图 2-41 所示。

　　　　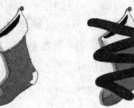

图 2-40　使用标准绘画模式的对比效果　　　　图 2-41　使用颜料填充模式的对比效果

● 后面绘画：在这种模式下，只能在空白区域绘制，不会影响原有图形的颜色，所绘制出来的色块全部在原有图形下方，对比效果如图 2-42 所示。

● 颜料选择：在这种模式下只能在选择的区域中绘制，也就是说，必须先选择一个区域，然后才能在被选区域中绘图，对比效果如图 2-43 所示。

图 2-42　使用后面绘画模式的对比效果　　　　图 2-43　使用颜料选择模式的对比效果

● 内部绘画：在这种模式下，只能在起始点所在的封闭区域中绘制。如果起始点在空白区域，则只能在空白区域内绘制；如果起始点在图形内部，则只能在图形内部进行绘制，对比效果如图 2-44 所示。

图 2-44　使用内部绘画模式的对比效果

### 2．刷子工具的大小和形状设置

利用刷子大小选项，可以设置刷子的大小，共有 8 种不同的尺寸可以选择，如图 2-45 所示。利用刷子形状选项，可以设置刷子的不同形状，共有 9 种形状的刷子样式可以选择，如图 2-46 所示。

图 2-45　刷子的大小设置　　　　　　　　图 2-46　刷子的形状设置

### 3．锁定填充设置

锁定填充选项用来切换在使用渐变色进行填充时的参照点。当使用渐变色填充时，单击"锁定填充"按钮，即可将上一笔触的颜色变化规律锁定，从而作为对该区域的色彩变化规范。使用刷子工具的操作步骤如下：

1）选择刷子工具 。

2）在属性面板中设置刷子工具的填充色和平滑度。

3）在工具箱中设置刷子模式。

4）在工具箱中设置刷子大小。

5）在工具箱中设置刷子形状。

6）在舞台中拖曳鼠标，绘制图形。

提示：在使用刷子工具绘制的过程中，按住〈Shift〉键拖动，可将刷子笔触限定为水平方向或垂直方向。

### 2.4.5　橡皮擦工具

橡皮擦工具虽然不具备绘图的能力，但是可以使用它来擦除图形的填充色和路径。橡皮擦工具有多种擦除模式，用户可以根据实际情况来设置不同的擦除效果。

选择橡皮擦工具时，在属性面板中并没有相关设置，但是在工具箱的选项区中会出现橡皮擦工具的一些附加选项，如图 2-47 所示。

**1．橡皮擦模式**

在橡皮擦工具的选项区中单击橡皮擦模式，会打开擦除模式选项，共有 5 种不同的擦除模式，其中各个模式的特点如下。

图 2-47　橡皮擦工具的选项区

- 标准擦除：在这种模式下，将擦除同一层中的矢量图形、路径、分离后的位图和文本，擦除效果如图 2-48 所示。
- 擦除填色：在这种模式下，只擦除图形内部的填充色，而不擦除路径，如图 2-49 所示。

图 2-48　使用标准擦除模式得到的效果　　　　图 2-49　使用擦除填色模式得到的效果

- 擦除线条：在这种模式下，只擦除路径而不擦除填充色，如图 2-50 所示。
- 擦除所选填充：在这种模式下，只擦除事先被选择的区域，但是不管路径是否被选择，都不会受到影响，擦除效果如图 2-51 所示。

图 2-50　使用擦除线条模式得到的效果　　　　图 2-51　使用擦除所选填充模式得到的效果

- 内部擦除：在这种模式下，只擦除连续的、不能分割的填充色块，如图 2-52 所示。

**2．水龙头模式**

使用水龙头模式的橡皮擦工具可以单击删除整个路径和填充区域，它被看作是油漆桶工具和墨水瓶工具的反作用，也就是将图形的填充色整体去除，或者将路径全部擦除。在使用时，只需在要擦除的填充色或路径上单击即可，如图 2-53 所示。

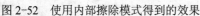

图 2-52　使用内部擦除模式得到的效果　　　　图 2-53　使用水龙头模式得到的效果

### 3．橡皮擦的大小和形状

打开橡皮擦大小和形状下拉列表框，可以看到 Flash CS4 提供的 10 种大小和形状不同的选项，如图 2-54 所示。

使用橡皮擦工具的操作步骤如下：

1）选择橡皮擦工具。

2）在工具箱中设置橡皮擦模式。

3）在工具箱中设置橡皮擦大小。

4）在工具箱中设置橡皮擦形状。

5）在舞台中拖曳鼠标，擦除图形。

提示：如果希望快速擦除舞台中的所有内容，可以双击橡皮擦工具。

图 2-54　橡皮擦大小和形状
下拉列表框

## 2.5　案例上机操作

### 2.5.1　美人头像的绘制

#### 1．案例欣赏

使用 Flash 的绘图工具创建一个美人头像，并不需要复杂的细节绘制，而只需绘制出一个轮廓图，就已经能够展示美人的风采了，如图 2-55 所示。

#### 2．思路分析

美人头像由直线和曲线组成，对于这种复杂的路径绘制，可以使用钢笔工具来完成。在绘制过程中，搭配不同的颜色，可以突出整体效果。

#### 3．实现步骤

1）新建一个 Flash 文件。

图 2-55　美人头像效果

2）选择工具箱中的钢笔工具，在属性面板中设置路径为黑色，路径宽度为 4，填充颜色为 "#CCEBC6"，如图 2-56 所示。

3）选择工具选项中的 "对象绘制" 模式 ◻ 。

4）在舞台的任意位置单击，创建第一个路径点，如图 2-57 所示。

图 2-56　钢笔工具属性设置

图 2-57　创建第一个路径点

5）在第一个路径点右边偏上的位置继续单击，创建第二个路径点，在两个路径点之间会自动连接一条直线路径，如图 2-58 所示。

6）把鼠标指针移动到第一个路径点，单击并且拖曳，即可在直线的下方绘制一条曲线出来，得到帽沿的形状，如图 2-59 所示。

图 2-58　绘制直线

图 2-59　绘制帽沿形状

7）对于得到的帽沿形状如果不满意，可以选择部分选取工具 对路径点进行调整，从而达到最佳的效果，如图 2-60 所示。

8）选中图形，选择"编辑"→"粘贴到当前位置"（快捷键：〈Ctrl+Shift+V〉）命令，可以在相同的位置复制出一个新的图形。

9）选择部分选取工具 ，调整新图形的左侧路径点，调整效果如图 2-61 所示。

图 2-60　使用部分选取工具调整路径点

图 2-61　调整复制出来的图形

10）选择"修改"→"排列"→"下移一层"（快捷键：〈Ctrl+下箭头〉）命令，把复制出来的图形移动到原来图形的下方，得到帽子的整体效果，如图 2-62 所示。如果对帽子的尺寸及帽沿的弧度不满意，还可以继续调整图形的路径点。

11）选择工具箱中的钢笔工具 ，在得到的帽子图形上方绘制帽子的顶部区域，和上面一样，绘制一个弧形区域即可，如图 2-63 所示。

图 2-62　帽子的整体效果　　　　　　　　　　图 2-63　绘制帽子顶部区域

12）选择部分选取工具 ，调整帽子顶部右侧路径点的位置及控制手柄，调整效果如图 2-64 所示。

**说明：** 在使用部分选取工具调整路径点两端的控制手柄时，按〈Alt〉键可以只调整路径点一边的控制手柄。

13）调整帽子顶部和帽沿的位置之后，选择"修改"→"排列"→"移至底层"（快捷键：〈Ctrl+Shift+下箭头〉）命令，把帽子顶部移动到最下方，如图 2-65 所示。

图 2-64　调整路径点两端的控制手柄　　　　　　图 2-65　帽子效果

14）接下来绘制美人的脸部，这个绘制过程非常的重要，因为最终的效果如何，取决于脸的形状，例如方脸能够给人老实稳重的感觉，圆脸能够给人圆滑的感觉，如图 2-66 所示。

15）选择工具箱中的钢笔工具 ，在属性面板中设置路径和填充样式，这里保持路径样式不变，设置填充颜色为"#663300"。

16）使用钢笔工具在舞台中绘制一个"U"字形，一共有 3 个路径点构成，如图 2-67 所示。

图 2-66　不同脸型对比　　　　　　　　　　图 2-67　绘制美人脸

17）把绘制出来的美人脸移动到帽子的下方，选择"修改"→"排列"→"下移一层"（快捷键：〈Ctrl+下箭头〉）命令，把美人脸移动到前后帽沿之间，如图 2-68 所示。

18）选择部分选取工具 ，调整脸部最下方的路径点，把脸调正，调整效果如图 2-69

所示。

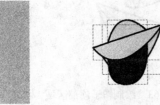

图 2-68　调整美人脸的位置　　　　　　　　图 2-69　调整脸部最下方路径点的位置及控制手柄

19）按〈Alt〉键分别调整脸部下方路径点两端的控制手柄，把圆下巴效果调整成尖下巴效果，如图 2-70 所示。

20）接下来绘制美人性感的嘴唇。选择工具箱中的钢笔工具，在属性面板中设置路径和填充样式，这里保持路径样式不变，设置填充颜色为"#FFCCCC"。

21）在任意位置单击创建第一个路径点，在水平向右的位置单击创建第二个路径点并且拖曳，然后回到起始路径点单击闭合路径，得到的形状如图 2-71 所示。

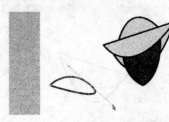

图 2-70　调整脸部最下方路径点两端的控制手柄　　　　　图 2-71　绘制嘴唇

22）选择部分选取工具，按〈Alt〉键调整右侧的路径点，调整效果如图 2-72 所示。

23）选择工具箱中的放大镜工具，适当放大视图的显示比例，以便于编辑细节，如图 2-73 所示。

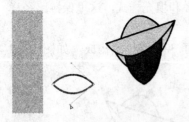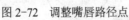

图 2-72　调整嘴唇路径点　　　　　　　　图 2-73　放大视图显示比例

24）选择工具箱中的钢笔工具，在嘴唇上方的路径上添加 3 个路径点，如图 2-74 所示。

25）选择部分选取工具，把中间的路径点适当往下移动，调整出嘴唇的形状，调整效果如图 2-75 所示。

26）去掉嘴唇路径的黑色，填充前面设置好的填充色，如图 2-76 所示。

27）调整嘴唇和美人头的大小和位置，如图 2-77 所示。

28）选择工具箱中的钢笔工具，给美人绘制黑色的头发，效果如图 2-78 所示。

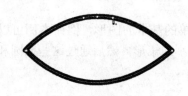

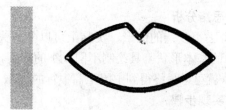

图 2-74　添加路径点　　　　　　　　　　图 2-75　调整路径点位置

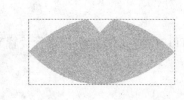

图 2-76　给嘴唇填充颜色　　　　　　　　图 2-77　脸和嘴唇的效果

29）选择工具箱中的椭圆工具，给美人绘制耳环，填充颜色为"#FF33CC"，效果如图 2-79 所示。

图 2-78　绘制头发　　　　　　　　　　　图 2-79　绘制耳环

30）最后，适当调整各个部分的尺寸和位置，完成绘制。

**4. 操作技巧**

1）对于多个对象叠加的效果，可以使用"对象绘制"模式。

2）在路径上添加路径点的时候，一定要事先选中被编辑的路径。

3）在单独编辑路径点一端的控制手柄时，可以按〈Alt〉键。

### 2.5.2　中国工商银行的标志

**1. 案例欣赏**

中国工商银行标志以一个隐性的方孔圆币，体现金融业的行业特征，标志的中心是经过变形的"工"字，中间断开，使工字更加突出，表达了深层含义。两边对称，体现出银行与客户之间平等互信的依存关系，以"断"强化"续"，以"分"形成"合"，是银行与客户的共存基础。设计手法的巧应用，强化了标志的语言表达力，并且中国汉字与古钱币形的运用，充分体现了现代气息，如图 2-80 所示。

图 2-80　中国工商银行的标志

## 2．思路分析

看上去很复杂的图形，实际上可以分解为一些简单的基本的图形，例如本例可以使用Flash 中的基本形状工具绘制不同大小的椭圆，不同大小的矩形，然后通过这些椭圆和矩形的叠加，就可以最终得到中国工商银行的标志。

## 3．实现步骤

1）新建一个 Flash 文件。

2）选择工具箱中的椭圆工具 ⬤，在属性面板中设置路径没有颜色，填充颜色为红色，如图 2-81 所示。

3）选择工具选项中的"对象绘制"模式 ⬤。

4）在舞台中绘制一个 200 像素的正圆（圆的尺寸可以直接在属性面板中进行设置），如图 2-82 所示。

图 2-81　设置椭圆工具属性

图 2-82　绘制一个正圆

5）选择"窗口"→"对齐"（快捷键：〈Ctrl+K〉）命令，打开对齐面板，激活"相对于舞台"按钮，单击"水平中齐"按钮和"垂直中齐"按钮，把正圆对齐到舞台的中心位置，如图 2-83 所示。

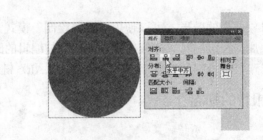

图 2-83　对齐正圆到舞台的中心

6）选择"窗口"→"变形"（快捷键：〈Ctrl+T〉）命令，打开变形面板，把正圆等比例缩小到原来的"80%"，然后单击"重制选区和变形"按钮，在缩小的同时复制正圆，如图 2-84 所示。

7）同时选中两个正圆，选择"修改"→"合并对象"→"打孔"命令，对两个正圆进行路径运算，得到的效果如图 2-85 所示。

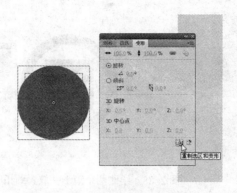

图 2-84　使用变形面板缩小并复制正圆

8）选择工具箱中的矩形工具▭，在舞台中绘制一个边长为 100 像素的正方形，如图 2-86 所示。

图 2-85　打孔效果　　　　　　　　　　　　图 2-86　绘制一个正方形

9）选择"窗口"→"对齐"（快捷键：〈Ctrl+K〉）命令，打开对齐面板，激活"相对于舞台"按钮，单击"水平中齐"按钮和"垂直中齐"按钮，把正方形和圆环都对齐到舞台的中心位置，如图 2-87 所示。

图 2-87　使用对齐面板对齐正方形和圆环

10）选择工具箱中的矩形工具▭，设置填充色为白色，在舞台中绘制两个宽度为 30 像素，高度为 10 像素的矩形，移动到如图 2-88 所示的位置。

11）在舞台中绘制两个宽度为 60 像素，高度为 10 像素的矩形，移动到如图 2-89 所示的位置。

12）在舞台中绘制一个宽度为 5 像素，高度为 110 像素的矩形，移动到如图 2-90 所示的位置。

图 2-88　绘制两个矩形并放置到相应位置

图 2-89　绘制两个矩形并放置到相应位置

图 2-90　绘制中心的细长矩形

13）在舞台中绘制一个宽度为 10 像素，高度为 60 像素的矩形，移动到如图 2-91 所示的位置。

图 2-91　绘制中心的粗短矩形

**4．操作技巧**

1）可以在选择图形后，直接在属性面板中更改图形尺寸。

2）在对齐多个对象时可以使用对齐面板。

3）当需要以百分比为单位调整图形大小的时候，可以打开变形面板。

## 2.6 习题

### 1. 选择题

（1）若使用椭圆工具 绘制一个正圆，应按的键是（     ）。

    A.〈Ctrl〉                 B.〈Shift〉

    C.〈Alt〉                  D.〈Ctrl+Alt〉

（2）在 Flash 中使用钢笔工具 创建路径时，关于定位点的说法正确的是（     ）。

    A. 绘制曲线路径时，其定位点叫曲线点，默认形状为空心圆圈

    B. 绘制直线路径时，其定位点叫直线点，默认形状为实心正方形

    C. 用户可以添加或删除路径上的定位点但是不能移动

    D. 以上说法都对

（3）在 Flash CS4 中绘制图形，能够像使用铅笔一样绘制线条和形状的是（     ）。

    A.                    B.

    C.                    D.

（4）关于使用铅笔工具 绘图，下列说法错误的是（     ）。

    A. 可以很随意地画线条和形状，就像在纸上用真正的铅笔画图一样

    B. 当用户画完线条之后，Flash 会自动作一些调整，使之更笔直或更平滑

    C. 线条笔直或平滑到什么程序，则取决于选定的绘图模式

    D. 设置线条笔直或平滑到什么程序，可以有 4 种绘图模式选择

（5）关于使用选择工具 调整形状，下列说法错误的是（     ）。

    A. 要修改线条或形状的外框，可以使用箭头工具拖动线条的任意点

    B. 被移动的点是一个终点，则可以延长或缩短线条

    C. 如果被移动的点是一个角点，虽然线段会延长或缩短，但是该点将变为曲线点

    D. 放大显示比例也可以使调整形状的操作更容易、更精确

### 2. 操作题

（1）使用选择工具对对象进行变形操作。

（2）使用对象绘制模式里的合并对象命令创建各种形状。

（3）使用钢笔工具绘制简单图形。

（4）使用基本形状工具绘制简单图形。

# 第3章 Flash CS4 颜色工具操作

**本章要点**
- Flash CS4 中的颜色工具
- Flash CS4 中的颜色编辑
- Flash CS4 中的颜色管理
- Flash CS4 中的填充模式

无论做什么样的动画设计，颜色都是一个不容忽视的问题，它以一种"隐蔽"的方式传达各种信息，这些信息会影响观看者的心理和感受，左右他们的判断和选择。因此，颜色对于动画设计而言是非常重要的。Flash CS4 提供了多种颜色的编辑和管理工具，用户可以根据实际的动画要求，任意的编辑和管理颜色。

## 3.1 颜色工具的使用

动画效果的好坏，不仅取决于动画的声音和光效，颜色的合理搭配也是非常重要的。Flash CS4 中的颜色工具，提供了对图形路径和填充色进行编辑和调整的功能，用户可以轻松创建各种颜色效果，并将其应用到动画中。

### 3.1.1 墨水瓶工具

墨水瓶工具 可以改变已存在路径的粗细、颜色和样式等，并且可以给分离后的文本或图形添加路径轮廓，但墨水瓶工具本身是不能绘制图形的。选择墨水瓶工具时，在属性面板中会出现墨水瓶工具的相关属性，如图 3-1 所示。

图 3-1　墨水瓶工具的属性面板

使用墨水瓶工具的操作步骤如下：

1）选择工具箱中的墨水瓶工具。

2）在属性面板中设置描边路径的颜色、粗细和样式。

3）在图形对象上单击。

## 3.1.2　案例上机操作：给图形添加边框路径

很多时候，在操作的过程中需要给图形对象添加边框路径，使用墨水瓶工具可以快速完成该效果。下面通过一个具体的案例来说明，其操作步骤如下：

1）新建一个 Flash 文件。

2）选择"文件"→"导入"→"导入到舞台"（快捷键：〈Ctrl+R〉）命令，导入素材图片，如图 3-2 所示。

3）这张图片的不足之处是没有边框路径，给人感觉很空洞，下面使用墨水瓶工具来给"小兔子"描边。

4）选择工具箱中的墨水瓶工具，设置笔触颜色为彩虹渐变色（对于填充颜色不必理会，因为墨水瓶工具不会对填充进行任何的修改）。

5）在属性面板中设置笔触的高度为"2"，样式为实线，如图 3-3 所示。

图 3-2　没有边框路径的原图　　　　　　　图 3-3　墨水瓶工具的属性面板

6）设置完毕后，把鼠标指针移动到图形上，会显示为倾倒的墨水瓶形状，如图 3-4 所示。

7）在图形上单击，"小兔子"的身体周围就描绘出了边框路径。使用同样的方法给整个图形添加边框路径，如图 3-5 所示。

图 3-4　显示为墨水瓶形状的鼠标指针　　　　图 3-5　使用墨水瓶工具给图形描边

**说明：**对图形使用墨水瓶工具描边时，不仅可以选择单色描边，还可以使用渐变色来进行描边。对于已经有了边框路径的图形，同样可以使用墨水瓶工具重新描边，但所有被描边的图形必须处于网格状的可编辑状态。

### 3.1.3 颜料桶工具

颜料桶工具  用于填充单色、渐变色及位图到封闭的区域,同时也可以更改已填充的区域颜色。在填充时,如果被填充的区域不是闭合的,则可以通过设置颜料桶工具的"空隙大小"来进行填充。选择颜料桶工具时,在属性面板中会出现颜料桶工具的相关属性,如图 3-6所示。同时,颜料桶工具的选项区中也会出现一些附加功能,如图 3-7 所示。

图 3-6　颜料桶工具的属性面板

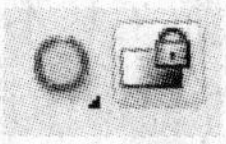

图 3-7　颜料桶工具的选项

#### 1. 空隙大小

空隙大小是颜料桶工具特有的选项,单击此按钮会出现一个下拉菜单,有 4 个选项,如图 3-8 所示。

用户在进行填充颜色操作的时候,可能会遇到无法填充颜色的问题,原因是鼠标所单击的区域不是完全闭合的区域。解决的方法有两种:一是闭合路径,二是使用空隙大小选项。各空隙大小选项的功能如下。

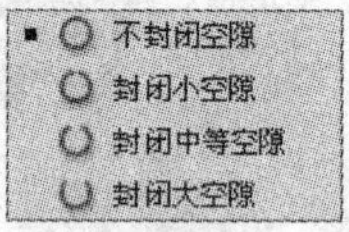

图 3-8　空隙大小选项

- 不封闭空隙:填充时不允许空隙存在。
- 封闭小空隙:如果空隙很小,Flash 会近似地将其判断为完全封闭空隙而进行填充。
- 封闭中等空隙:如果空隙中等,Flash 会近似地将其判断为完全封闭空隙而进行填充。
- 封闭大空隙:如果空隙很大,Flash 会近似地将其判断为完全封闭空隙而进行填充。

#### 2. 锁定填充

选择颜料桶工具选项中"锁定填充"功能,可以将位图或者渐变填充扩展覆盖在要填充的图形对象上,该功能和刷子工具的锁定功能类似。使用颜料桶工具的操作步骤如下:

1)选择工具箱中的颜料桶工具。

2)选择一种填充颜色。

3)选择一种空隙大小。

4)单击需要填充颜色的区域,如图 3-9 所示为填充前后的效果对比。

图 3-9　使用颜料桶工具的前后对比

### 3.1.4 滴管工具

滴管工具  可以从 Flash 的各种对象上获得颜色和类型的信息,从而帮助用户快速得到颜色。

Flash CS4 中的滴管工具和其他绘图软件中的滴管工具在功能上有很大的区别。如果滴管工具吸取的是路径颜色，则会自动转换为墨水瓶工具，如图 3-10 所示。如果滴管工具吸取的是填充颜色，则会自动转换为颜料桶工具，如图 3-11 所示。

图 3-10  吸取路径颜色　　　　　　　　　　　　　　图 3-11  吸取填充颜色

滴管工具没有属性面板，在工具箱的选项区中也没有附加选项，它的功能就是对颜色特征进行采集。

### 3.1.5  案例上机操作：给对象添加颜色

如果在原来绘图时使用某种颜色，现在希望再次利用相同的颜色，那么可以使用滴管工具快速得到相同的颜色。下面通过一个具体的案例来说明，其操作步骤如下：

1）新建一个 Flash 文件。

2）选择"文件"→"导入"→"导入到舞台"（快捷键：〈Ctrl+R〉）命令，导入素材图片，如图 3-12 所示。

3）左边图片是已经上好颜色的效果，现在需要把左边图片的颜色吸取过来，填充到右边没有颜色的图形上。

4）选择工具箱中的滴管工具，这时鼠标指针会显示为滴管状，把鼠标移动到需要吸取颜色的图形上，如图 3-13 所示。

图 3-12  导入的图片素材　　　　　　　　　图 3-13  使用滴管工具选择吸取颜色区域

5）单击吸取颜色，这时，鼠标指针会根据当前选择的颜色类型自动转换为相应的填充工具，如图 3-14 所示。然后单击填充颜色。

6）重复以上两步的操作，把所有的颜色都填充到右边的图形上，最终完成效果如图 3-15 所示。

图 3-14  把颜色填充到右边的图形上　　　　　　　图 3-15  颜色填充完成效果

### 3.1.6 渐变变形工具

渐变变形工具用于调整渐变的颜色、填充对象和位图的尺寸、角度和中心点。使用渐变变形工具调整填充内容时，在调整对象的周围会出现一些控制手柄，根据填充内容的不同，显示的手柄也会有所区别。

**1. 使用渐变变形工具调整线性渐变**

1）使用渐变变形工具单击需要调整的对象，在被调整对象的周围会出现一些控制手柄，如图 3-16 所示。

2）使用鼠标拖曳中间的空心圆点，可以改变线性渐变中心点的位置，如图 3-17 所示。

图 3-16　选择填充对象

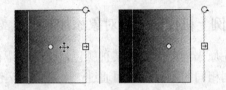

图 3-17　调整线性渐变中心点位置

3）使用鼠标拖曳右上角的空心圆点，可以改变线性渐变的方向，如图 3-18 所示。

4）使用鼠标拖曳右边的空心方点，可以改变线性渐变的范围，如图 3-19 所示。

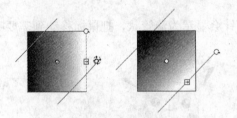

图 3-18　调整线性渐变方向

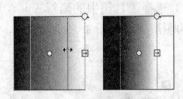

图 3-19　调整线性渐变范围

**2. 使用渐变变形工具调整放射状渐变**

1）使用渐变变形工具单击需要调整的对象，在被调整对象的周围会出现一些控制手柄，如图 3-20 所示。

2）使用鼠标拖曳中间的空心圆点，可以改变放射性渐变中心点的位置，如图 3-21 所示。

图 3-20　选择填充对象

图 3-21　调整放射状渐变中心点位置

3）使用鼠标拖曳中间的空心倒三角，可以改变放射状渐变中心的方向，如图 3-22 所示。

4）使用鼠标拖曳右边的空心方点，可以改变放射状渐变的宽度，如图 3-23 所示。

图3-22　调整放射状渐变中心方向

图3-23　调整放射状渐变宽度

5）使用鼠标拖曳右边中间的空心圆点，可以改变放射状渐变的范围，如图3-24所示。

6）使用鼠标拖曳右边下方的空心圆点，可以改变放射状渐变的旋转角度，如图 3-25 所示。

图3-24　调整放射状渐变范围

图3-25　调整放射状渐变旋转角度

### 3. 使用渐变变形工具调整位图填充

1）使用渐变变形工具单击需要调整的对象，在被调整对象的周围会出现一些控制手柄，如图3-26所示。

2）使用鼠标拖曳中间的空心圆点，可以改变位图填充中心点的位置，如图3-27所示。

图3-26　选择填充对象

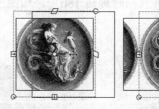

图3-27　调整位图填充中心点位置

3）使用鼠标拖曳上方和右边的空心四边形，可以改变位图填充的倾斜角度，如图 3-28 所示。

4）使用鼠标拖曳左边和下方的空心方点，可以分别调整位图填充的宽度和高度，拖曳右下角的空心圆点则可以同时调整位图填充的宽度和高度，如图3-29所示。

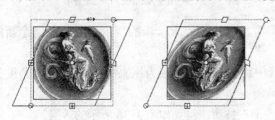

图3-28　调整位图填充倾斜角度

图3-29　调整位图填充的大小

### 3.1.7 案例上机操作：立体按钮

在 Flash 中通过调整渐变色，可以很轻松的实现立体的按钮效果。下面通过一个具体的案例来说明，其操作步骤如下：

1）新建一个 Flash 文件。

2）选择工具箱中的椭圆工具，激活对象绘制模式，在舞台中绘制一个正圆，如图 3-30 所示。

3）选中椭圆，在属性面板中选择一种放射状渐变，如图 3-31 所示。

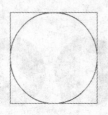 

图 3-30　在舞台中绘制一个正圆　　　　　　图 3-31　调整正圆的颜色为放射状渐变

4）在属性面板中设置笔触颜色为无色，去掉椭圆的边框路径。

5）选择工具箱中的渐变变形工具，调整放射状渐变的中心点位置和渐变范围，调整后的效果如图 3-32 所示。

6）选择"窗口"→"变形"（快捷键：〈Ctrl+T〉）命令，打开变形面板，把正圆等比例缩小为原来的 60%，并且同时旋转 180°，如图 3-33 所示。

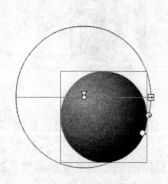 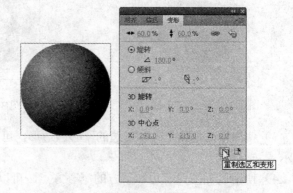

图 3-32　使用渐变变形工具调整渐变色　　　　图 3-33　使用变形面板对正圆变形

7）单击变形面板中的"重制选区和变形"按钮，按照上一步的变形设置复制一个新的正圆，如图 3-34 所示。

8）选中所复制出来的正圆，在变形面板中将其等比例缩小为原来的 57%，旋转角度为 0°，如图 3-35 所示。

9）继续单击变形面板中的"重制选区和变形"按钮，得到如图 3-36 所示的效果。

10. 选择工具箱中的文本工具，在按钮上书写文本，如图 3-37 所示。

说明：在实际的动画设计中，很多的立体效果都是通过渐变色的调整来实现的。

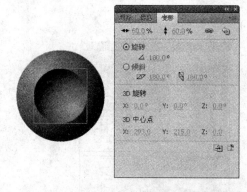

图 3-34　复制并且变形以后得到的效果

图 3-35　使用变形面板对正圆变形

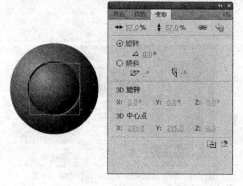

图 3-36　得到的按钮效果

图 3-37　最终效果

## 3.2　Flash CS4 中的颜色管理

Flash 提供了多种方法来应用、生成和修正颜色，同时也可以对动画中的颜色进行编辑和管理。每个 Flash 文件都有自己的调色板，用户可以在 Flash 文件之间导入导出调色板，也可以在 Flash 与其他图像软件之间进行该项操作，如 Fireworks、Photoshop 等。下面介绍样本面板和颜色面板的使用方法。

### 3.2.1　样本面板

样本面板的主要作用是保存和管理 Flash 文件中的颜色。选择"窗口"→"样本"（快捷键：〈Ctrl+F9〉）命令，可以打开样本面板，如图 3-38 所示。

#### 1．添加颜色

如果要在样本面板中添加自定义的颜色，可以在选择该颜色以后，在样本面板的灰色空白区域单击，如图 3-39 所示。

#### 2．删除颜色

如果要把样本面板中自定义的颜色删除掉，可以按住〈Ctrl〉键，在样本面板中自定义的颜色上单击，如图 3-40 所示。

#### 3．保存颜色样本

如果要把自定义的颜色保存成调色板的格式，可以在样本面板的快捷菜单中选择"保存颜色"命令，如图 3-41 所示。

图 3-38　样本面板

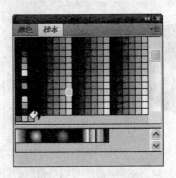

图 3-39　添加自定义颜色

图 3-40　删除自定义颜色

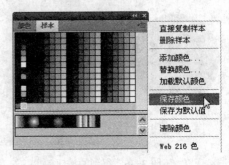

图 3-41　保存自定义颜色

说明：Flash 保存的颜色样本格式为"clr"和"act"。

### 4．添加新的颜色样本

如果要在样本面板中添加新的颜色，可以在样本面板的快捷菜单中选择"添加颜色"命令，如图 3-42 所示。

## 3.2.2　颜色面板

颜色面板的主要作用是创建颜色，它提供了多种不同的颜色创建方式。选择"窗口"→"混色器"（快捷键：〈Shift+F9〉）命令，可以打开颜色面板，如图 3-43 所示。

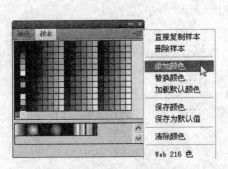

图 3-42　添加自定义颜色

图 3-43　颜色面板

## 1. 设置单色

在颜色面板中可以设置颜色，也可以对现有的颜色进行编辑。在"红"、"绿"、"蓝" 3 个文本框中输入数值，就可以得到新的颜色，在"Alpha"文本框中输入不同的百分比，就可以得到不同的透明度效果。

在颜色面板中选择一种基色后，调节右边的黑色小三角箭头的上下位置，就可以得到不同明暗的颜色。

## 2. 设置渐变色

渐变色就是从一种颜色过渡到另一种颜色的过程。利用这种填充方式，可以轻松地表现出光线、立体及金属等效果。Flash 中提供的渐变色一共有两种类型：线性渐变和放射状渐变。"线性渐变"的颜色变化方式是从左到右沿直线进行的，如图 3-44 所示。"放射状渐变"的颜色变化方式是从中心向四周扩散变化的，如图 3-45 所示。

选择一种渐变色以后，即可在颜色面板中对颜色进行调整。要更改渐变中的颜色，可以单击渐变定义栏下面的某个指针，然后在展开的渐变栏下面的颜色空间中单击，拖动"亮度"控件还可以调整颜色的亮度，如图 3-46 所示。

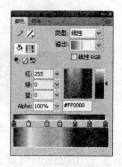

图 3-44　线性渐变　　　　　图 3-45　放射状渐变　　　　图 3-46　调整渐变色

说明：如果需要向渐变中添加指针，可以在渐变定义栏上面或下面单击。要重新放置渐变上的指针，沿着渐变定义栏拖动指针即可，若将指针向下拖离渐变定义栏，可以将其删除。

## 3. 设置渐变溢出

Flash 提供了 3 种溢出样式，"扩充"、"映射"和"重复"，它们只能在"线性"和"放射状"两种渐变状态下使用，如图 3-47 所示。

所谓溢出，是指当应用的颜色超出了这两种渐变的限制，会以何种方式填充空余的区域。也就是当一段渐变结束，还不够填满某个区域时，如何处理多余的空间。溢出样式的特点如下。

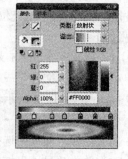

- 扩充模式：使用渐变变形工具，缩小渐变的宽度，如图 3-48 所示。可以看到，缩窄后渐变居于中间，渐变的起始色和结束色一直向边缘蔓延开来，填充了空出来的地方，这就是所谓的扩充模式。

图 3-47　渐变溢出设置

- 映射模式：该模式是指，把现有的小段儿渐变进行对称翻转，使其合为一体、头尾相接，然后作为图案平铺在空余的区域，并且根据形状大小的伸缩，一直把此段儿渐变重复下去，直到填充满整个形状为止，如图 3-49 所示。

图 3-48　扩充模式的效果

图 3-49　映射模式的效果

● 重复模式：该模式比较容易理解，可以想像此段渐变有无数个副本，它们像排队一样，一个接一个的连在一起，以填充溢出后空余的区域。在图 3-50 中，用户可以明显看出该模式和映射模式之间的区别。

**4．设置位图填充**

在 Flash 中可以把位图填充到矢量图形中，如图 3-51 所示。

图 3-50　重复模式的效果

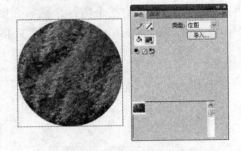
图 3-51　添加自定义颜色

使用颜色面板设置位图填充的操作步骤如下：

1）选择舞台中的矢量对象。

2）打开颜色面板。

3）在类型中选择"位图"填充。

4）单击"导入"按钮，查找需要填充的位图素材。

### 3.2.3　案例上机操作：给美女换衣服

如果在动画设计中仅仅使用矢量图形，给人的感觉就比较单调，而且不真实。用户可以通过在矢量图形中填充位图图像来解决这个问题。下面通过一个具体的案例来说明，其操作步骤如下：

1）新建一个 Flash 文件。

2）选择"文件"→"导入"→"导入到舞台"（快捷键：〈Ctrl+R〉）命令，导入矢量素材图片，如图 3-52 所示。

3）选择"窗口"→"混色器"（快捷键：〈Shift+F9〉）命令，打开颜色面板。

4）在颜色面板中选择"位图"填充。

5）单击"导入"按钮，查找需要填充的位图素材，如图 3-53 所示。

6）单击"打开"按钮，选中的素材会出现在颜色面板的下方，如图 3-54 所示。

7）选择舞台中矢量图形"美女"的衣服区域，在颜色面板下方的位图素材上单击，把位图填充到矢量图形中，如图3-55所示。

图3-52　导入的矢量素材

图3-53　查找填充的位图素材

图3-54　颜色面板中的位图素材

图3-55　把位图填充到矢量图形中

8）选择工具箱中的渐变变形工具，调整位图的填充范围，如图3-56所示。

9）继续调整其他的衣服区域，最终效果如图3-57所示。

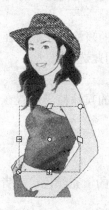

图3-56　使用渐变变形工具调整位图填充范围

图3-57　最终完成效果

说明：在Flash中不仅仅可以填充位图，还可以对填充的位图进行相应的调整。

## 3.3 装饰工具的使用

在 Flash CS4 中新增了两个装饰工具，分别是喷涂刷工具和 Deco 工具，使用装饰工具，可以将创建的图形形状转变为复杂的几何图案。装饰工具使用算术计算（称为过程绘图）并将这些计算应用于库中的影片剪辑或图形元件。这样，即可使用任何图形形状或对象创建复杂的图案，然后使用喷涂刷工具或填充工具应用所创建的图案，或者将一个或多个元件与 Deco 工具一起使用，以创建万花筒效果。

### 3.3.1 喷涂刷工具

喷涂刷工具的作用类似于粒子喷射器，使用它可以一次将形状图案"刷"到舞台上。在默认情况下，喷涂刷工具使用当前选定的填充颜色喷射粒子点。用户也可以使用喷涂刷工具将影片剪辑或图形元件作为图案应用。

选择喷涂刷工具时，在属性面板中会出现喷涂刷工具的相关属性，如图 3-58 所示。

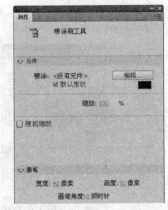

图 3-58 喷涂刷工具的属性面板

对其中各个选项的说明如下。

- 编辑：打开"选择元件"对话框，在其中选择影片剪辑或图形元件作为喷涂刷粒子，选择后，其名称会显示在编辑按钮的旁边。
- 颜色选取器：选择粒子喷涂的填充颜色，若使用库中的元件作为喷涂粒子，将禁用颜色选取器。
- 宽度：缩放喷涂粒子元件的宽度。例如，输入值 10%，则使元件宽度缩小 10%；输入 200%，则将使元件宽度增大 200%。
- 高度：缩放喷涂粒子元件的高度。例如，输入 10%，则使元件高度缩小 10%；输入 200%，则使元件高度增大 200%。
- 随机缩放：指定按随机缩放比例将每个基于元件的喷涂粒子放置在舞台上，并改变每个粒子的大小。在使用默认喷涂粒子时，会禁用此选项。
- 旋转元件：围绕中心点旋转基于元件的喷涂粒子。
- 随机旋转：指定按随机旋转角度将每个基于元件的喷涂粒子放置在舞台上。在使用默认喷涂粒子时，会禁用此选项。

使用喷涂刷工具的操作步骤如下：

1）选择喷涂刷工具 。

2）在喷涂刷工具的属性面板中，选择默认喷涂粒子的填充颜色，或者单击"编辑"按钮，从库中选择自定义元件，如图 3-59 所示。

**提示：** 可以将库中的任何影片剪辑或图形元件作为"粒子"使用，通过这些基于元件的粒子，还可以对在 Flash 中创建的插图进行多种创造性控制。

3）在舞台上要显示图案的位置单击或拖动，创建图案，如图 3-60 所示。

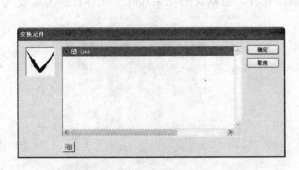

图 3-59　从库中选择元件

图 3-60　使用喷涂刷工具得到的效果

## 3.3.2　Deco 工具

使用 Deco 工具，可以对舞台上的选定对象应用效果。在选择 Deco 工具后，可以从属性面板中选择效果，如图 3-61 所示。

在 Deco 工具中包含有 3 种不同的绘制效果，分别是"蔓藤式填充"、"对称填充"和"网格式填充"，如图 3-62 所示。

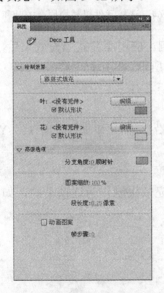

图 3-61　Deco 工具的属性设置

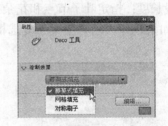

图 3-62　Deco 工具的 3 种绘制效果

### 1. 应用藤蔓式填充效果

使用藤蔓式填充效果，可以用藤蔓式图案填充舞台、元件或封闭区域。通过从库中选择元件，可以替换自己的叶子和花朵的插图。生成的图案将包含在影片剪辑中，而影片剪辑本身包含了组成图案的元件。具体操作步骤如下：

1）选择 Deco 工具，然后在属性面板的"绘制效果"下拉列表中选择"藤蔓式填充"选项，如图 3-63 所示。

2）在 Deco 工具的属性面板中，选择默认花朵和叶子形状的填充颜色。或者单击"编辑"按钮，从库中选择一个自定义元件，替换默认花朵元件和叶子元件之一或同时替换二者。用户可以使用库中的任何影片剪辑或图形元件，将默认的花朵和叶子元件替换为藤蔓式填充效果，如图 3-64 所示。

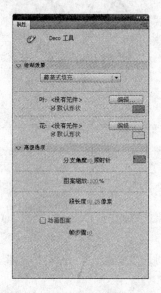

图 3-63　藤蔓式填充属性设置

图 3-64　选择元件以替换原有的叶和花

3）指定填充形状的水平间距、垂直间距和缩放比例。应用藤蔓式填充效果后，将无法更改属性面板中的高级选项以改变填充图案，如图 3-65 所示。

- 分支角度：指定分支图案的角度。
- 分支颜色：指定用于分支的颜色。
- 图案缩放：缩放操作会使对象同时沿水平方向（沿 X 轴）和垂直方向（沿 Y 轴）放大或缩小。
- 段长度：指定叶子节点和花朵节点之间的段的长度。

4）如果选择"动画图案"复选框，即可把整个填充效果制作为逐帧动画，如图 3-66 所示。

图 3-65　设置属性

图 3-66　"动画图案"选项

- 动画图案：指定效果的每次迭代都绘制到时间轴中的新帧。在绘制花朵图案时，此选项将创建花朵图案的逐帧动画序列。
- 帧步骤：指定绘制效果时每秒要横跨的帧数。

5）单击舞台，或者在要显示网格填充图案的形状或元件内单击，最终效果如图 3-67 所示。

图 3-67　创建的最终效果

## 2．应用网格填充效果

使用网格填充效果，可以用库中的元件填充舞台、元件或封闭区域。将网格填充绘制到舞台后，如果移动填充元件或调整其大小，则网格填充将随之移动或调整大小。选择网格填充选项后，其属性面板设置如图 3-68 所示。

使用网格填充效果可创建棋盘图案、平铺背景或用自定义图案填充的区域或形状。对称效果的默认元件是 25×25 像素、无笔触的黑色矩形形状，如图 3-69 所示。

图 3-68　网格填充的属性设置

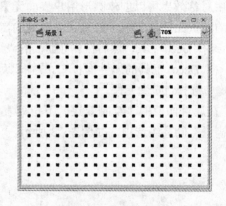

图 3-69　创建网格效果

应用网格填充效果的操作步骤如下：

1）选择 Deco 工具，然后在属性面板中选择"绘制效果"下拉列表中的"网格填充"选项。

2）在 Deco 工具的属性面板中，选择默认矩形形状的填充颜色，或者单击"编辑"按钮，从库中选择自定义元件（可以将库中的任何影片剪辑或图形元件作为元件与网格填充效果一起使用）。

3）指定填充形状的水平间距、垂直间距和缩放比例。应用网格填充效果后，将无法更改属性面板中的高级选项以改变填充图案，如图 3-70 所示。

● 水平间距：指定网格填充中所用形状之间的水平距离（以像素为单位）。

- 垂直间距：指定网格填充中所用形状之间的垂直距离（以像素为单位）。
- 图案缩放：使对象同时沿水平方向（沿 X 轴）和垂直方向（沿 Y 轴）放大或缩小。

4）单击舞台，或者在要显示网格填充图案的形状或元件内单击，效果如图 3-71 所示。

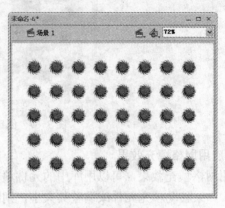

图 3-70　相应属性设置　　　　　　　　图 3-71　创建网格填充效果

### 3. 应用对称刷子效果

使用对称刷子效果，可以围绕中心点对称排列元件。在舞台上绘制元件时，将显示一组手柄。用户可以使用手柄，通过增加元件数、添加对称内容或者编辑和修改效果的方式，来控制对称效果，如图 3-72 所示。

使用对称效果可以创建圆形用户界面元素（如模拟钟面或刻度盘仪表）和旋涡图案。对称效果的默认元件是 25×25 像素、无笔触的黑色矩形形状，具体操作步骤如下：

1）选择 Deco 工具，然后在属性面板的"绘制效果"下拉列表中选择"对称刷子"选项。

2）在 Deco 工具的属性面板中，选择默认矩形形状的填充颜色，或者单击"编辑"按钮，从库中选择自定义元件。

3）在属性面板的"绘制效果"下拉列表中选择"对称刷子"时，在属性面板中会显示"对称刷子"的高级选项，如图 3-73 所示。

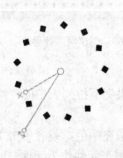

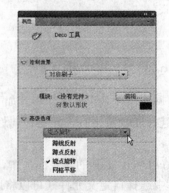

图 3-72　控制手柄　　　　　　　　　　图 3-73　"对称刷子"的高级选项

- 绕点旋转：围绕指定的固定点旋转对称中的形状，默认参考点是对称的中心点。若要围绕对象的中心点旋转对象，按圆形运动进行拖动即可，如图 3-74 所示。
- 跨线反射：跨指定的不可见线条等距离翻转形状，如图 3-75 所示。

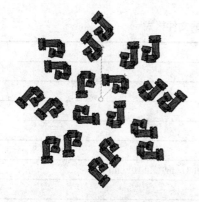

图 3-74　绕点旋转的效果

图 3-75　跨线反射的效果

- 跨点反射：围绕指定的固定点等距离放置两个形状，如图 3-76 所示。
- 网格平移：使用按对称效果绘制的形状创建网格，每次在舞台上单击 Deco 工具都会创建形状网格。使用由对称刷子手柄定义的 X 坐标和 Y 坐标，可以调整这些形状的高度和宽度，如图 3-77 所示。

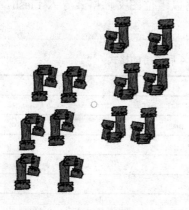

图 3-76　跨线反射的效果

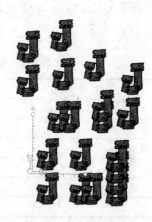

图 3-77　网格平移的效果

4）单击舞台上要显示对称刷子插图的位置，然后使用对称刷子手柄调整对称的大小和元件实例的数量，即可完成效果。

## 3.4　外部素材的导入

Flash CS4 对其他应用程序中创建的插图素材提供了更好的支持，用户可以直接导入这些素材并将这些资源用在 Flash 动画中。在导入位图时，可以应用压缩和消除锯齿功能，将位图直接放置在 Flash CS4 动画中，并且可以使用位图作为填充；可以在外部编辑器中编辑位图；可以将位图分离为像素并在 Flash CS4 中对其进行编辑；还可以将位图转换为矢量图。

### 3.4.1　导入外部图像素材

Flash CS4 支持更多的文件格式，如表 3-1 所示。

表 3-1 Flash CS4 支持的文件格式

| 文 件 类 型 | 扩 展 名 |
|---|---|
| Adobe Illustrator（版本 10 或更低版本） | .ai |
| Adobe Photoshop | .psd |
| AutoCAD DXF | .dxf |
| 位图 | .bmp |
| 增强的 Windows 元文件 | .emf |
| FreeHand | .fh7、.fh8、.fh9、.fh10、.fh11 |
| FutureSplash Player | .spl |
| GIF 和 GIF 动画 | .gif |
| JPEG | .jpg |
| PNG | .png |
| Flash Player 6/7 | .swf |
| Windows 元文件 | .wmf |

只有安装了 QuickTime 4 或更高版本，才能将以下位图文件格式导入 Flash，如表 3-2 所示。

表 3-2 安装了 QuickTime 4 后支持的格式

| 文 件 类 型 | 扩 展 名 |
|---|---|
| MacPaint | .pntg |
| PICT | .pct、.pic |
| QuickTime 图像 | .qtif |
| Silicon 图像 | .sgi |
| TGA | .tga |
| TIFF | .tif |

要导入外部图像素材，可以选择“文件”→“导入”→“导入到舞台”命令或“文件”→“导入到库”命令，弹出“导入”对话框，如图 3-78 所示。

图 3-78 “导入”对话框

从计算机中选择需要导入的素材，然后单击"打开"按钮即可。

## 3.4.2　导入 Fireworks 文件

用户可以将 Fireworks PNG 文件作为平面化图像或可编辑对象导入到 Flash 中。在将 PNG 文件作为平面化图像导入时，整个文件（包括所有矢量插图）会栅格化或转换为位图图像。在将 PNG 文件作为可编辑对象导入时，该文件中的矢量插图会保留为矢量格式，并且可以选择是否保留 PNG 文件中存在的位图、文本、滤镜（在 Fireworks 中称为特效）和辅助线。在 Flash CS4 中导入 Fireworks 文件的具体操作步骤如下：

1）选择"文件"→"导入"→"导入到舞台"或"导入到库"命令，弹出"导入"对话框。

2）选择需要导入的 Fireworks PNG 图像，单击"打开"按钮，弹出"导入 Fireworks 文档"对话框，如图 3-79 所示。对其中各个选项说明如下：

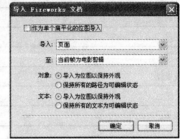

图 3-79　"导入 Fireworks 文档"对话框

- "导入"：指定要导入当前场景的 Fireworks 页。
- "至"→"当前帧为电影剪辑"：保留原有图层，将 PNG 文件导入为影片剪辑，并且保持该影片剪辑元件内部的所有帧和图层都不变。
- "至"→"新层"：将 PNG 文件导入到当前 Flash 动画中位于堆叠顺序顶部的单个新图层中。Fireworks 图层会平面化为单个图层，Fireworks 帧将包含在该新图层中。
- "对象"→"导入为位图以保持外观"：在 Flash 中保留 Fireworks 填充、笔触和特效。
- "对象"→"保持所有的路径为可编辑状态"：将所有对象保留为可编辑矢量路径，在导入时，会丢失某些 Fireworks 填充、笔触和特效。
- "文本"→"导入为位图以保持外观"：在导入到 Flash 的文本中，保留 Fireworks 填充、笔触和特效。
- "文本"→"保持所有的路径为可编辑状态"：将所有文本保持为可编辑状态，在导入时，会丢失某些 Fireworks 填充、笔触和特效。

3）要将 PNG 文件平面化为单个位图图像，可以选择"作为单个扁平化的位图导入"复选框。选择该复选框后，所有其他选项都会变成灰色。

4）设置完毕后，单击"确定"按钮，即可导入所选择的 Fireworks PNG 文件，如图 3-80 所示。

在导入 Fireworks PNG 文件时，可以保留许多在 Fireworks 中应用于对象的滤镜和混合模式，并可以使用 Flash 进一步修改这些滤镜和混合。

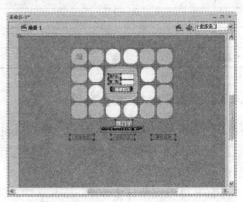

图 3-80　导入后的效果

对于作为文本和影片剪辑导入的对象，Flash 只支持可修改的滤镜和混合模式。如果不支持某种效果或混合模式，则 Flash 会在导入时对其进行栅格化处理或将其忽略。如果要导入包含 Flash 不支持的滤镜或混合模式的 Fireworks PNG 文件，应当在导入过程中栅格化该文件，完成此操作后，将无法编辑该文件。Flash CS4 支持的 Fireworks 滤镜效果如表 3-3 所示。

表 3-3　Flash CS4 支持的 Fireworks 滤镜效果

| Fireworks 效果 | Flash 滤镜 |
| --- | --- |
| 投影 | 投影 |
| 实心阴影 | 投影 |
| 内侧阴影 | 投影（自动选择内侧阴影） |
| 模糊 | 模糊（其中 blurX = blurY=1） |
| 更模糊 | 模糊（其中 blurX = blurY=1） |
| 高斯模糊 | 模糊 |
| 调整颜色亮度 | 调整颜色 |
| 调整颜色对比度 | 调整颜色 |

Flash CS4 支持的 Fireworks 混合模式如表 3-4 所示。

表 3-4　Flash CS4 支持的 Fireworks 混合模式

| Fireworks 混合模式 | Flash 混合模式 |
| --- | --- |
| 正常 | 正常 |
| 变暗 | 变暗 |
| 色彩增殖 | 色彩增殖 |
| 变亮 | 变亮 |
| 滤色 | 滤色 |
| 叠加 | 叠加 |
| 强光 | 强光 |
| 加色 | 加色 |
| 差异 | 差异 |
| 反色 | 反色 |
| Alpha | Alpha |
| 擦除 | 擦除 |

### 3.4.3　导入 Photoshop 文件

与 Flash 中的绘图工具相比，Photoshop 的绘图和选取工具显然功能更加强大。如果需要创建复杂的视觉图像或修饰照片，以便在互动演示文稿中使用，可以使用 Photoshop 来创建插图，然后将完成的图像导入 Flash 中。

Flash 可以保留许多在 Photoshop 中应用的属性，并提供保持图像的视觉保真度以及进一步修改图像的选项。在将 PSD 文件导入 Flash 时，可以选择将每个 Photoshop 图层表示为

Flash 图层、单个的关键帧还是单独一个平面化图像，还可以将 PSD 文件封装为影片剪辑。将 Photoshop 文件导入到 Flash 的操作步骤如下：

1）选择"文件"→"导入到舞台"或"导入到库"命令。

2）在弹出的"导入"对话框中选择需要导入的 Photoshop PSD 文件，然后单击"确定"按钮。

3）这时会弹出如图 3-81 所示的对话框，用户可以选择图层、组和各个对象，然后选择如何导入每个项目。对其中各个选项说明如下：

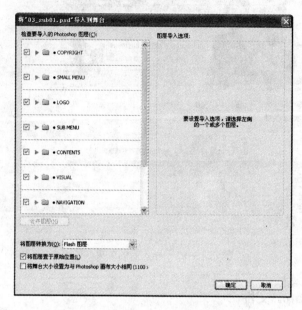

图 3-81 "将 PSD 导入到舞台"对话框

- "将图层转换为"→"Flash 图层"：选择 Photoshop 图层列表中的所有选定图层将置于其各自的图层上。Photoshop 文件中的每个图层都标有图层名称。Photoshop 中的图层是位于各个图层上的对象，将对象放入库面板中时，这些对象也具有在 Photoshop 中的图层名称。

- "将图层转换为"→"关键帧"：选择 Photoshop 图层列表中的所有选定图层将置于新图层的各个关键帧上，将命名 Photoshop 文件中的新图层（例如，myfile.psd）。Photoshop 中的图层是位于各个关键帧上的对象，将对象放入库面板中时，这些对象也具有在 Photoshop 中的图层名称。

- "将图层置于原始位置"：PSD 文件的内容保持它们在 Photoshop 中的准确位置。例如，如果某对象在 Photoshop 中位于 X = 100，Y = 50 处，则在 Flash 舞台上也具有相同坐标。如果未选择该复选框，则导入的 Photoshop 图层将位于舞台的中间位置。PSD 文件中的项目在导入时将保持彼此的相对位置；然而，所有对象在当前视图中将作为一个块位于中间位置。如果放大舞台的某一区域，并为舞台的该区域导入特定对象，则此功能会很有用。如果使用原始坐标导入了对象，则可能无法看到导入的对象，因为它可能被置于当前舞台视图之外。

- "将舞台大小设置为与 Photoshop 画布大小相同"：将 lash 舞台大小调整为与创建 PSD

文件所用的 Photoshop 文档（或活动裁剪区域）相同的大小。

**注意：** 在将 PSD 文件导入到 Flash 库中时，以上两个选项均不可用。

4）设置完毕后，单击"确定"按钮导入，效果如图 3-82 所示。

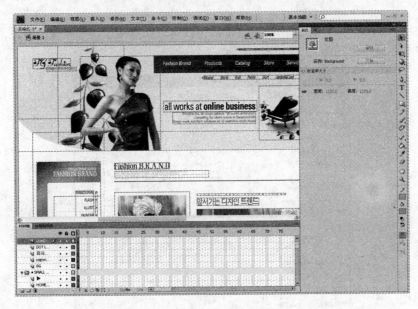

图 3-82　导入后的效果

### 3.4.4　导入 Illustrator 文件

使用 Flash 可以导入 Illustrator AI 文件，并且在很大程度上保留插图的可编辑性和视觉保真度。AI 导入器在确定 Illustrator 插图导入到 Flash 中的方式方面具有更大的控制权，并且可以指定如何将特定对象导入到 AI 文件中。Flash AI 导入器提供下列主要功能：

- 对最常用的 Illustrator 特效保留可编辑性，并将其转换为 Flash 滤镜。
- 保留 Flash 和 Illustrator 共有的混合模式的可编辑性。
- 保留渐变填充的保真度和可编辑性。
- 保持 RGB（红、绿、蓝）颜色的外观。
- 将 Illustrator 元件作为 Flash 元件导入。
- 保留贝塞尔控制点的数目和位置。
- 保留剪切蒙版的保真度。
- 保留图案描边和填充的保真度。
- 保留对象透明度。
- 将 AI 文件图层转换为单独的 Flash 图层、关键帧或单个 Flash 图层。还可以将 AI 文件作为单个位图图像导入，在这种情况下，Flash 会平面化（栅格化）此文件。
- 提供 Illustrator 和 Flash 之间改进的复制和粘贴工作流程。复制和粘贴对话框提供了适用于将 AI 文件粘贴到 Flash 舞台上的设置。

将 Illustrator 文件导入到 Flash 中的步骤如下：

1）选择"文件"→"导入到舞台"或"导入到库"命令。

2）在弹出的"导入"对话框中选择需要导入的 Illustrator AI 文件，然后单击"确定"按钮。这时会弹出"将'illust_people_03.ai'导入到舞台"或"将 Illustrator 文档导入到库"对话框，如图 3-83 所示。

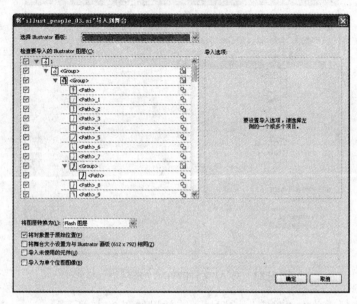

图 3-83　"将'illust_people_03.ai'导入到舞台"对话框

3）当 AI 文件中存在与 Flash 不兼容的项目时，将会显示"不兼容性报告"按钮。如果要生成 AI 文件中与 Flash 不兼容的项目的列表，可以单击该按钮。

对其中各个选项说明如下：

● "将图层转换为"→"Flash 图层"：将导入文档中的每个图层转换为 Flash 文档中的图层。

● "将图层转换为"→"关键帧"：将导入文档中的每个图层转换为 Flash 文档中的关键帧。

● 将对象置于原始位置：AI 文件的内容保持它们在 Illustrator 中的准确位置。例如，如果某对象在 Illustrator 中位于 X = 100，Y = 50 处，则在 Flash 舞台上也具有相同坐标。如果未选择该复选框，则导入的 Illustrator 图层将位于当前视图的中心位置。AI 文件中的项目在导入时将保持彼此的相对位置；然而，所有对象在当前视图中将作为一个块位于中间位置。如果放大舞台的某一区域，并为舞台的该区域导入特定对象，则此功能会很有用。如果使用原始坐标导入了对象，则可能无法看到导入的对象，因为它可能被置于当前舞台视图之外。

● 将舞台大小设置为与 Illustrator 画板相同：将 Flash 舞台大小调整为与创建 AI 文件的 Illustrator 画板（或活动裁剪区域）相同的大小。在默认情况下，此复选框未选中。

● 导入未使用的元件：在画板上无实例的所有 AI 文件库元件都将导入到 Flash 库中。如果未选中此复选框，则未用元件不会导入到 Flash。

● 导入为单个位图图像：将 AI 文件导入为单个位图图像，并禁用"AI 导入"对话框内的图层列表和导入选项。

4）选中 AI 文件的任何一个图层，设置将这个图层中的内容以什么样的方式进行导入，如图 3-84 所示。

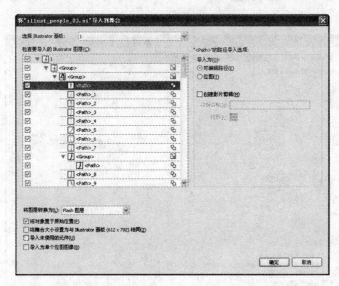

图 3-84　对 AI 文件的每一个图层进行设置

5）设置完毕后，单击"确定"按钮导入，效果如图 3-85 所示。

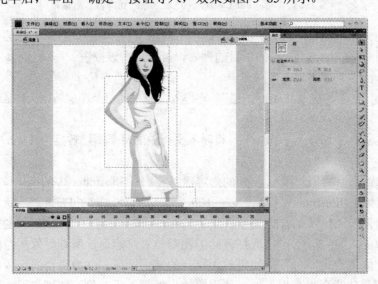

图 3-85　导入后的效果

## 3.5　习题

### 1. 选择题

（1）关于使用箭头工具调整形状，下列说法错误的是（　　　）。

A．要修改线条或形状的外框，可以使用箭头工具拖动线条的任意点

B．如果被移动的点是一个终点，则可以延长或缩短线条

C．如果被移动的点是一个角点，虽然线段会延长或缩短，但是该点将变为曲线点

D．放大显示比例也可以使调整形状的操作更容易、更精确

（2）关于使用刷子工具，下列说法错误的是（　　　）。

A．使用刷子工具，用户还可以创建出一些特殊效果，例如书法效果

B．使用刷子工具的调节设置可以选择刷子的大小

C．导入的位图图像也可以作为刷子的填充颜色

D．使用刷子工具的调节设置不可以选择刷子的形状

（3）在 Flash 中，使用钢笔工具创建路径时，关于定位点的说法正确的是（　　　）。

A．绘制曲线路径，其定位点叫曲线点，默认形状为空心圆圈

B．绘制直线路径时，其定位点叫角点，默认形状为实心正方形

C．用户可以添加或删除路径上的定位点，但是不能移动

D．以上说法都对

（4）关于使用铅笔工具绘图，下列说法错误的是（　　　）。

A．可以很随意地画线条和形状，就像在纸上用真正的铅笔画图一样

B．当用户画完线条之后，Flash 会自动作一些调整，使之更笔直或更平滑

C．线条笔直或平滑到什么程序，则取决于选定的绘图模式

D．设置线条笔直或平滑到什么程序，可以有 4 种绘图模式选择

（5）要使工具箱中的笔触和填充控件应用颜色，下列操作错误的是（　　　）。

A．单击笔触和填充控件旁边的三角形按钮，从其下拉列表中选择一种颜色

B．单击滴管工具，然后使用滴管工具选择一种颜色

C．在颜色文本框中输入颜色的十六进制值

D．单击工具箱中的切换填充和笔触颜色的按钮，可以使外框颜色和填充颜色互换

## 2．操作题

（1）使用墨水瓶工具和颜料桶工具改变图形的颜色。

（2）导入一张图片，使用滴管工具把图片上的主要颜色吸取下来，保存到样本面板中。

（3）绘制一个场景，用不同的色彩和填充方式表现道路、山、树丛和太阳。

（4）把样本面板中得到的颜色保存成 ".act" 颜色表的形式。

# 第 4 章　Flash CS4 文字特效及其应用

**本章要点**
- Flash CS4 中的文本工具
- Flash CS4 中的文本特效
- Flash CS4 中的文本分离
- Flash CS4 中的文本类型

文本工具是 Flash 中不可缺少的重要工具，一个完整精美的动画不可缺少文本的修饰。Flash 的文本编辑功能非常强大，用户除了可以通过 Flash 输入文本，制作各种很酷的字体效果外，还可以进行交互输入等。

## 4.1　添加文本

在 Flash 中，大部分的信息需要用文本来传递，因此，几乎所有的动画都使用了文本。

### 4.1.1　输入文本

选择工具箱中的文本工具，这时鼠标指针会显示为一个十字文本。在舞台中单击，直接输入文本即可，Flash 中的文本输入方式有如下两种。

**1. 创建可伸缩文本框**

1）选择工具箱中的文本工具。

2）在工作区的空白位置单击。

3）这时在舞台中会出现文本框，并且文本框的右上角显示空心的圆形，表示此文本框为可伸缩文本框，如图 4-1 所示。

4）在文本框中输入文本，文本框会跟随文本自动改变宽度，如图 4-2 所示。

## www.go2here.net.cn

图 4-1　舞台中的可伸缩文本框状态 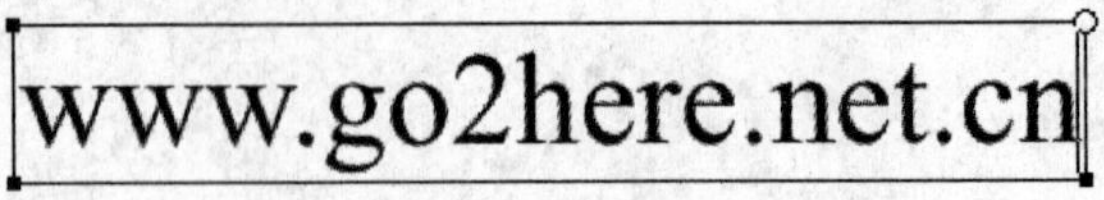　　　　图 4-2　在可伸缩文本框中输入文本

**2. 创建固定文本框**

1）选择工具箱中的文本工具。

2）在工作区的空白位置单击，然后拖曳出一个区域。

3）这时在舞台中会出现文本框，并且文本框的右上角显示空心的方形，表示此文本框为固定本框，如图 4-3 所示。

4）在文本框中输入文本，文本会根据文本框的宽度自动换行，如图 4-4 所示。

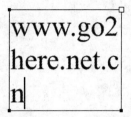

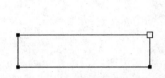

图 4-3 舞台中的固定文本框状态

www.go2
here.net.c
n

图 4-4 在固定文本框中输入文本

### 4.1.2 修改文本

在 Flash 中添加文本以后，可以使用文本工具进行修改，修改文本的方式有以下两种。

**1．在文本框外部修改**

直接选择文本框调整文本属性，可以对当前文本框中的所有文本进行同时设置。

1）选择工具箱中的选择工具，单击需要调整的文本框，如图 4-5 所示。

2）然后直接在属性面板中调整相应的文本属性。

3）所有文本效果被同时更改。

**2．在文本框内部修改**

进入到文本框的内部，可以对同一个文本框中的不同文本分别进行设置。

1）选择工具箱中的文本工具，单击需要调整的文本框，进入到文本框内部，如图 4-6 所示。

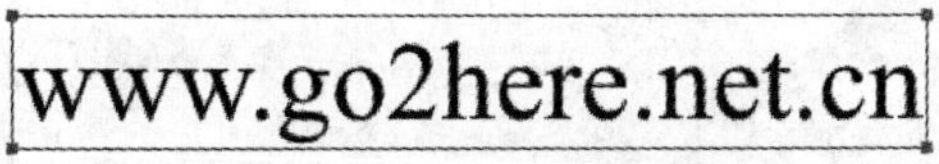
www.go2here.net.cn

图 4-5 选择舞台中的文本

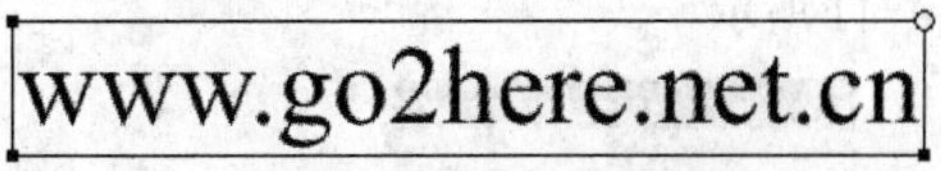
www.go2here.net.cn

图 4-6 进入文本框内部

2）拖曳鼠标，选择需要调整的文本，如图 4-7 所示。

3）然后直接在属性面板中调整相应的文本属性。

4）所选文本效果被更改，如图 4-8 所示。

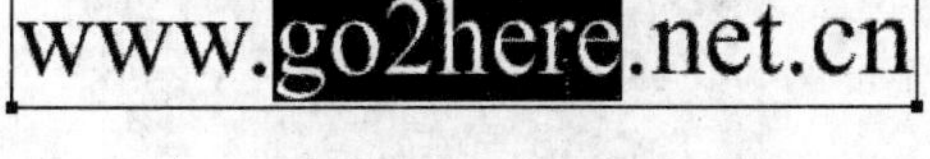
www.go2here.net.cn

图 4-7 选择需要修改的文本

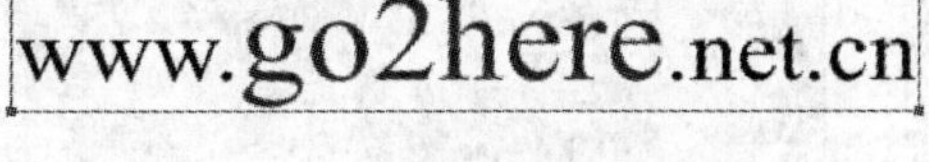
www.go2here.net.cn

图 4-8 修改选择文本的属性

### 4.1.3 设置文本属性

选择工具箱中的文本工具，在属性面板中会出现相应的文本属性设置，用户可以在其中设置文本的字体、大小和颜色等文本属性，如图 4-9 所示。

图 4-9　文本工具属性面板

**1. 设置文本样式**

1）在"系列"下拉列表中，可以调整文本的字体，如图 4-10 所示。

2）可以拖曳"大小"文本框右侧的滑块改变文本的字体大小，也可以在文本框中直接输入数值。

3）设置当前文本的颜色。可以单击"颜色"后的颜色块，在调色板中选择颜色，如图 4-11 所示。

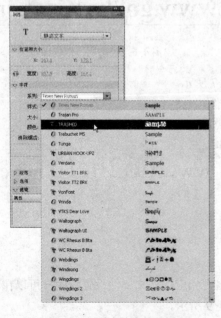

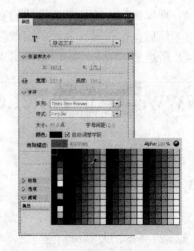

图 4-10　文本的字体属性　　　　　　图 4-11　文本的填充颜色属性设置

4）在"样式"下拉列表中设置文本的加粗、倾斜和对齐方式。

5）在"字母间距"和"字符位置"中设置文本字母之间的距离和基线对齐方式。

**2．设置文本渲染**

Flash CS4 允许用户使用 FlashType 字体渲染引擎，以对字体作更多的控制。FlashType 允许设计者对字体拥有与 Flash 项目中其他元素同样多的控制，如图 4-12 所示。

Flash 包含字体渲染的预置，为动画文本提供了等同于静态文本的高质量优化。新的渲染引擎使得文本即使使用较小的字体，看上去也会更加清晰，这一功能是 Flash 的一大重要改进。

**3．设置文本链接**

在 Dreamewaver 中，用户可以很轻易地为文本添加超级链接，在 Flash CS4 中同样可以做到。选择工作区中的文本，在属性面板的"链接"文本框中输入完整的链接地址即可，如图 4-13 所示。

图 4-12　文本渲染属性设置

图 4-13　文本的链接设置

当用户输入链接地址后，该文本框下面的"目标"下拉列表框会变成激活状态，用户可以从中选择不同的选项，控制浏览器窗口的打开方式。

## 4.1.4　案例上机操作：网页顽主文字 LOGO

在很多时候，需要给动画添加文本作为说明或者修饰，以传递作者需要表达的信息。下面通过一个具体的案例来说明，其操作步骤如下：

1）新建一个 Flash 文件。

2）选择工具箱中的文本工具，在舞台中输入"网页顽主 www.go2here.net.cn"，如图

4-14 所示。

3）选择工具箱中的文本工具，在舞台中的文本上单击，进入到文本框的内部，拖曳选择"网页顽主" 4 个字，如图 4-15 所示。

网页顽主
www.go2here.net.cn

图 4-14 使用文本工具在舞台中输入文字

网页顽主
www.go2here.net.cn

图 4-15 选择文本框中的文本

4）在属性面板中设置"网页顽主" 4 个字的属性：字体为"隶书"，字体大小为"50"，效果如图 4-16 所示。

5）选择"www.go2here.net.cn"，设置字体为"Arial"，字体大小为"12"，字母间距为"8"，效果如图 4-17 所示。

网页顽主
www.go2here.net.cn

图 4-16 设置文本属性

网 页 顽 主
w w w . g o 2 h e r e . n e t . c n

图 4-17 设置网址文本属性

6）将"主"和"go2here"的文本填充颜色设置为红色，效果如图 4-18 所示。

7）使用工具箱中的选择工具，选择整个文本框。

8）在当前文本的属性面板中设置文本的链接，如图 4-19 所示。

网 页 顽 主
w w w . g o 2 h e r e . n e t . c n

图 4-18 设置文本颜色属性

图 4-19 给文本添加超链接

9）选择"控制"→"测试影片"（快捷键：〈Ctrl+Enter〉）命令，在 Flash 播放器中预览动画效果，如图 4-20 所示。

图 4-20　完成后的最终效果

10）单击链接文本，可以跳转到相应的网页上。

**说明：**可以在 Flash 中很方便地对文本进行相应的属性设置和超链接的添加，以及快速创建动画中的文本内容。

## 4.2　文本的转换

在 Flash 动画设计过程中，常常需要对文本进行修改，如把文本转换为矢量图形，或者给文本添加渐变色等。

### 4.2.1　分离文本

Flash 中的文本是比较特殊的矢量对象，不能对它直接进行渐变色填充、绘制边框路径等针对矢量图形的操作；也不能制作形状改变的动画。若要进行以上操作，首先要对文本进行"分离"，"分离"的作用是把文本转换为可编辑状态的矢量图形。具体的操作步骤如下：

1）选择工具箱中的文本工具，在舞台中输入文字，如图 4-21 所示。

2）选择"修改"→"分离"（快捷键：〈Ctrl+B〉）命令，原来的单个文本框会拆分成数个文本框，并且每个字符各占一个，如图 4-22 所示。此时，每一个字符都可以单独使用文本工具进行编辑。

图 4-21　使用文本工具在舞台中输入文字 　　　　图 4-22　第一次分离后的文本状态

3）选择所有的文本，继续使用"修改"→"分离"（快捷键：〈Ctrl+B〉）命令，这时所有的文本都会转换为网格状的可编辑状态，如图 4-23 所示。

**提示：**虽然可以将文本转换为矢量图形，但是这个过程是不可逆转的，即不能将矢量图形转换成单个的文本。

图 4-23　第二次分离后的文本状态

### 4.2.2　编辑矢量文本

将文本转换为矢量图形后，就可以对其进行路径编辑、填充渐变色、添加边框路径等操作了。

#### 1．给文本添加渐变色

首先把文本转换为矢量图形，然后在颜色面板中为文本设置渐变色效果，如图 4-24 所示。

#### 2．编辑文本路径

首先把文本转换为矢量图形，然后使用工具箱中的部分选取工具对文本的路径点进行编辑，从而改变文本的形状，如图 4-25 所示。

图 4-24　渐变色文本 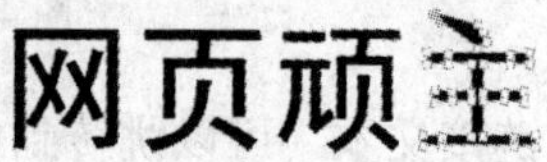　　　　　　　　　　图 4-25　编辑文本路径点

#### 3．给文本添加边框路径

首先把文本转换为矢量图形，然后使用工具箱中的墨水瓶工具为文本添加边框路径，如图 4-26 所示。

#### 4．编辑文本形状

首先把文本转换为矢量图形，然后使用工具箱中的任意变形工具对文本进行变形操作，如图 4-27 所示。

图 4-26　给文本添加边框路径　　　　　　图 4-27　编辑文本形状

## 4.3　文本的类型

在 Flash CS4 中，一共有 3 种类型的文本：静态文本、动态文本和输入文本。在一般的动画制作中主要使用的是静态文本，在动画的播放过程中，静态文本是不可以编辑和改变的。动态文本和输入文本都是在 Flash 中结合函数来进行交互控制的。比如游戏的积分，显示动画的部分时间等。

### 4.3.1　静态文本

静态文本是在动画设计中应用最多的一种文本类型，也是 Flash 软件所默认的文本类型。当在工作区中输入文本后，在文本的属性面板中会显示文本的类型和状态，如图 4-28 所示。

"使用设备字体"选项的作用是减少 Flash 文件中的数据量。Flash 中有 3 种设备字体：_sans、_serif、_typewrite。当选择该命令的时候，Flash 播放器就会在当前浏览者机器上选

图 4-28　静态文本的属性面板

择与这 3 种字体最相近的字体来替换动画中的字体。

如果激活了"可选" 按钮，在播放动画的过程中，可以使用鼠标拖曳选择这些文本，并且可以进行复制和粘贴。

### 4.3.2　动态文本

动态文本在结合函数的 Flash 动画中应用的很多，用户可以在文本属性面板中选择"动态文本"类型，如图 4-29 所示。

选择动态文本，表示要在工作区中创建可以随时更新的信息，它提供了一种实时跟踪和显示文本的方法。用户可以在动态文本的"变量"文本框中为该文本命名，文本框将接收这个变量的值，从而动态地改变文本框所显示的内容。

为了与静态文本相区别，动态文本的控制手柄出现在文本框右下角，如图 4-30 所示。和静态文本一样，空心的圆点表示单行文本，空心的方点表示多行文本。

图 4-29　动态文本属性面板

图 4-30　动态文本框的控制手柄

### 4.3.3　输入文本

输入文本也是为了和函数交互而应用到 Flash 动画中的，用户可以在文本属性面板中选择"输入文本"类型，如图 4-31 所示。

输入文本与动态文本的用法一样，但是它可以作为一个输入文本框来使用，在 Flash 动画播放时，可以通过这种输入文本框输入文本，实现用户与动画的交互。

如果在输入文本所对应的属性面板中激活了"将文本呈现为 HTML" 按钮，则文本框将支持输入的 HTML 格式。

如果在输入文本所对应的属性面板中激活了"在文本周围显示边框" 按钮，则会显示文本区域的边界及背景。

图 4-31　输入文本属性面板

### 4.3.4　案例上机操作：左进右出的文字

在 Flash 中，可以使用动态文本和输入文本结合函数来实现交互的动画效果，实际上就是把函数的值和文本框进行数据的传递，下面通过一个具体的案例来说明数据的传递过程，其操作步骤如下：

1）新建一个 Flash 文件。

2）选择工具箱中的文本工具，在文本的属性面板中选择"输入文本"。

3）激活属性面板中的"在文本周围显示边框" 按钮。

4）在属性面板中设置文本的相应属性，如图 4-32 所示。

5）在舞台的左侧拖曳出一个输入文本框，如图 4-33 所示。

图 4-32　输入文本框的属性设置　　　　　图 4-33　在舞台中创建一个输入文本框

6）继续选择工具箱的文本工具，在舞台中创建一个动态文本框，其设置与所创建的输入文本框一样，如图 4-34 所示。

7）同时在输入文本框和动态文本框"变量"中进行命名操作，名称都为"go2here"，如图 4-35 所示。

图 4-34　继续在舞台中创建一个动态文本框　　图 4-35　同时命名两个文本框为"go2here"

**说明**：在 Flash 中，变量只能以字母和下画线开头，不能以数字开头，但是中间可以包含数字。

8）选择"控制"→"测试影片"（快捷键：〈Ctrl+Enter〉）命令，在 Flash 播放器中预览动画效果，如图 4-36 所示。

9）在舞台左侧的输入文本框中输入文字，则可以在右侧的动态文本框中输出来，如图 4-37 所示。

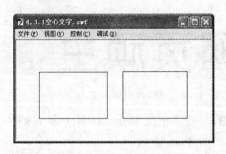

图 4-36　在 Flash 播放器中预览的效果

图 4-37　动态输入和输出效果

**说明**：上面的这个例子很直观地说明了数据传递的过程，即在输入文本框中输入的文字，作为变量"go2here"的值直接传递到动态文本框中。

## 4.4　案例上机操作

下面以 6 个案例展示 Flash CS4 文字特效的应用，主要介绍空心文字、彩虹文字、金属文字、披雪文字、立体文字及位图填充文字的设计技巧。

### 4.4.1　空心文字

#### 1. 案例欣赏

空心字在很多地方都可以用到，制作空心字的方法有很多，下面是在 Flash 中所制作的空心字效果，如图 4-38 所示。

图 4-38　空心字效果

#### 2. 思路分析

所谓的空心字就是没有填充色，只有边框路径的文字，所以要对文字进行路径的编辑。

#### 3. 实现步骤

1）新建一个 Flash 文件。

2）选择工具箱中的文本工具，在属性面板中设置文本类型为"静态文本"，颜色为"蓝色"，字体为"黑体"，字体大小为"96"，如图 4-39 所示。

3）在舞台中输入"网页顽主"4 个字，如图 4-40 所示。

图 4-39　文本工具属性设置

网页顽主

图 4-40　在舞台中输入文本

4）选择"修改"→"分离"（快捷键：〈Ctrl+B〉）命令把文本分离，对于多个文字的文本框需要分离两次才可以分离成可编辑的网格状，如图 4-41 所示。

5）选择工具箱中的墨水瓶工具，在属性面板中设置笔触颜色为"黑色"，笔触高度为"3"，笔触样式为"锯齿线"，如图 4-42 所示。

网页顽主

图 4-41　把文本分离成可编辑状态

图 4-42　墨水瓶工具的属性设置

6）使用墨水瓶工具在舞台中的文本上单击，给文本添加边框路径，如图 4-43 所示。

7）使用工具箱中的选择工具，选择文本的蓝色填充，按〈Delete〉键删除，只保留边框路径，完成最终效果，如图 4-44 所示。

网页顽主

图 4-43　给文本添加边框路径

网页顽主

图 4-44　完成的空心文字效果

**4．操作技巧**

1）要给文本添加边框路径，一定要事先分离。

2）在分离多个文字的文本时，一定要分离两次才能分离到可编辑状态。

### 4.4.2　彩虹文字

**1．案例欣赏**

用户可以给文本添加彩虹渐变色，下面是在 Flash 中所制作的彩虹字效果，如图 4-45 所示。

图 4-45　彩虹字效果

## 2. 思路分析

要制作彩虹字就必须给文本填充渐变色，所以要对文字进行路径的编辑。

## 3. 实现步骤

1）新建一个 Flash 文件。

2）选择"修改"→"文档"（快捷键：〈Ctrl+J〉）命令，在弹出的"文档属性"对话框中设置舞台的背景颜色为"黑色"，如图 4-46 所示。

3）选择工具箱中的文本工具，在属性面板中设置文本类型为"静态文本"，颜色为"白色"，字体为"Arial"，字体样式为"Black"，字体大小为"96"，如图 4-47 所示。

图 4-46　设置舞台的背景颜色为黑色　　　　　图 4-47　文本工具属性设置

4）在舞台中输入"Go2here"，如图 4-48 所示。

5）选择"修改"→"分离"（快捷键：〈Ctrl+B〉）命令把文本分离，对于多个文字的文本框，需要分离两次才可以分离成可编辑的网格状，如图 4-49 所示。

图 4-48　在舞台中输入文本　　　　　　图 4-49　把文本分离成可编辑状态

6）选择"编辑"→"重制"（快捷键：〈Ctrl+D〉）命令复制文本，并将其移动到如图 4-50 所示的位置。

7）选择下方的文本，选择"修改"→"形状"→"柔化填充边缘"命令对文本的边缘进行模糊操作，在弹出的"柔化填充边缘"对话框中进行相应的设置，如图 4-51 所示。

图 4-50　复制当前的文本　　　　　　图 4-51　"柔化填充边缘"对话框

8）选择"修改"→"组合"（快捷键：〈Ctrl+G〉）命令把得到的文字组合起来，如图 4-52 所示。

9）选择上方的文本，在工具箱的颜色区中选择彩虹渐变色，然后也组合起来，如图 4-53 所示。

图 4-52　把柔化边缘后的文字组合起来　　　　　图 4-53　把上方的文字填充为彩虹色

10）选择"窗口"→"对齐"（快捷键：〈Ctrl+K〉）命令打开对齐面板，使用对齐面板把两个文本对齐到同一个位置，如图 4-54 所示。

图 4-54　使用对齐面板把两个文本对齐到相同位置

**说明：** 如果需要更改这两个文本的上下排列方式，可以选择"修改"→"排列"命令进行调整。

### 4．操作技巧
1）要给文本添加渐变色，一定要事先分离。
2）在分离多个文字的文本时，一定要分离两次才能分离到可编辑状态。

## 4.4.3　金属文字

### 1．案例欣赏
在 Flash 中可以制作金属文字效果，下面是在 Flash 中所制作的金属字效果，如图 4-55 所示。

### 2．思路分析
要制作金属字就必须给文本填充渐变色，同时也要给文本的边框路径添加渐变色，所以要对文字进行路径的编辑。

图 4-55　金属字效果

### 3．实现步骤
1）新建一个 Flash 文件。

2）选择"修改"→"文档"（快捷键：〈Ctrl+J〉）命令，在弹出的"文档属性"对话框中设置舞台的背景颜色为"黑色"，如图 4-56 所示。

3）选择工具箱中的文本工具，在属性面板中设置文本类型为"静态文本"，颜色为"白色"，字体为"Arial"，字体样式为"Black"，字体大小为"96"，如图 4-57 所示。

图4-56 设置舞台的背景颜色为黑色

图4-57 文本工具属性设置

4）在舞台中输入"Go2here"，如图4-58所示。

5）选择"修改"→"分离"（快捷键：〈Ctrl+B〉）命令把文本分离，对于多个文字的文本框，需要分离两次才可以分离成可编辑的网格状，如图4-59所示。

图4-58 在舞台中输入文本

图4-59 把文本分离成可编辑状态

6）给文本添加线性渐变色，具体颜色可以根据自己的喜好来进行调整，如图4-60所示。

7）选择工具箱中的填充变形工具，把线性渐变的左右方向调整为上下方向，如图 4-61 所示。

图4-60 给文本添加线性渐变色

图4-61 使用填充变形工具改变渐变色方向

8）选择工具箱中的墨水瓶工具，在属性面板中设置笔触颜色为"线性渐变色"，笔触高度为"6"，笔触样式为"实线"，如图4-62所示。

9）使用墨水瓶工具在舞台中的文本上单击，给文本添加边框路径，如图4-63所示。

图4-62 墨水瓶工具的属性设置

图4-63 给文本添加边框路径

10）在颜色面板中设置边框的渐变色为白色到蓝色，如图 4-64 所示。

11）使用工具箱中的选择工具，按住〈Shift〉键，同时选择所有文本的边框路径，如图 4-65 所示。

图 4-64　在颜色面板中设置边框路径的渐变色　　　图 4-65　使用选择工具选择文本的所有边框

12）选择工具箱中的填充变形工具，把文本边框路径的线性渐变方向调整为上下，如图 4-66 所示。

图 4-66　调整文本边框渐变色方向

**4. 操作技巧**

1）要给文本添加渐变色，一定要事先分离。

2）Flash CS4 中的填充色和笔触颜色都可以添加渐变色。

3）在分离多个文字的文本时，一定要分离两次才能分离到可编辑状态。

### 4.4.4　披雪文字

**1. 案例欣赏**

每逢隆冬季节，使用披雪文字进行广告宣传是很合适的，它能很轻松明了地表现雪天的气氛，效果如图 4-67 所示。

图 4-67　披雪字效果

**2. 思路分析**

要实现文字的披雪效果，需要对文字的上下部分填充不同的颜色，所以要对文字进行路径的编辑。

**3. 实现步骤**

1）新建一个 Flash 文件。

2）选择"修改"→"文档"（快捷键：〈Ctrl+J〉）命令，在弹出的"文档属性"对话框中设置舞台的背景颜色为黑色，如图 4-68 所示。

3）选择工具箱中的文本工具，在属性面板中设置文本类型为"静态文本"，颜色为"黄色"，字体为"华文彩云"，字体大小为"96"，如图 4-69 所示。

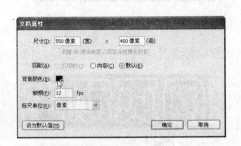

图 4-68　设置舞台的背景颜色为黑色

图 4-69　文本工具属性设置

4）在舞台中输入"网页顽主"4 个字，如图 4-70 所示。

5）选择"修改"→"分离"（快捷键：〈Ctrl+B〉）命令把文本分离，对于多个文字的文本框，需要分离两次才可以分离成可编辑的网格状，如图 4-71 所示。

图 4-70　在舞台中输入文本

图 4-71　把文本分离成可编辑状态

6）选择工具箱中的墨水瓶工具，在属性面板中设置笔触颜色为"红色"，笔触高度为"1"，笔触样式为"实线"，如图 4-72 所示。

7）使用墨水瓶工具在舞台中的文本上单击，给文本添加边框路径，如图 4-73 所示。

图 4-72　墨水瓶工具的属性设置

图 4-73　给文本添加边框路径

8）选择工具箱中的橡皮擦工具，在工具箱的选项区中选择"擦除填色"模式和橡皮擦的大小，如图 4-74 所示。

9）使用橡皮擦工具擦除舞台中文本上方的区域，注意擦除的时候尽量使擦除的边缘为椭圆，如图 4-75 所示。

10）选择工具箱中的油漆桶工具，在属性面板中设置填充色为"白色"，在所擦除的区域上单击，填充白色，如图 4-76 所示。

图 4-74　设置橡皮擦工具选项

图 4-75　使用橡皮擦工具擦除文本上方区域

11）使用工具箱中的选择工具，把文本的所有边框路径都选中并且删除，如图 4-77 所示。

图 4-76　使用油漆桶工具在擦除的区域填充白色

图 4-77　删除文本的边框路径

12）最后选择工具箱中的墨水瓶工具，给白色填充的边缘添加白色的路径，目的是让白色区域看起来更厚重一些，如图 4-78 所示。

图 4-78　删除文本的边框路径

#### 4．操作技巧

1）要给文本添加渐变色，一定要事先分离。

2）在分离多个文字的文本时，一定要分离两次才能分离到可编辑状态。

3）在使用橡皮擦工具的时候，要根据实际的情况选择不同的擦除模式。

### 4.4.5　立体文字

#### 1．案例欣赏

在 Flash 中，使用文本工具结合绘图工具，可以轻松创建立体文字效果，如图 4-79 所示。

图 4-79　立体文字效果

#### 2．思路分析

立体的对象不再是二维的，而是三维的了，需要有一定的空间思维能力，然后结合 Flash 中的绘图工具，实现立体的效果。

#### 3．实现步骤

1）新建一个 Flash 文件。

2）选择工具箱中的文本工具，在属性面板中设置文本类型为"静态文本"，颜色为"绿色"，字体为"Arial"，字体样式为"Black"，字体大小为"96"，如图 4-80 所示。

3）使用文本工具在舞台中输入大写的"AEF"，如图 4-81 所示。

图 4-80　文本工具属性设置

图 4-81　在舞台中输入文本

4）在按住〈Alt〉的同时，使用工具箱中的选择工具拖曳该文本，可以复制出一个新的文本，如图 4-82 所示。

5）把复制出来的文本更改为红色，并且和当前的绿色文本略错开放置，如图 4-83 所示。

图 4-82　按〈Alt〉键拖曳复制文本

图 4-83　调整复制出来的文本位置

6）同时选中两个文本。选择"修改"→"分离"（快捷键：〈Ctrl+B〉）命令把文本分离，对于多个文字的文本框，需要分离两次才可以分离成可编辑的网格状，如图 4-84 所示。

7）选择工具箱中的墨水瓶工具，在属性面板中设置笔触颜色为"黑色"，笔触高度为"1"，笔触样式为"实线"，如图 4-85 所示。

图 4-84　把文本分离成可编辑状态

图 4-85　墨水瓶工具的属性设置

8）使用墨水瓶工具在舞台中的文本上单击，给文本添加边框路径，如图 4-86 所示。

9）选择工具箱中的直线工具，把文本的各个顶点都连接起来，如图 4-87 所示。注意在直线工具的选项中不要选择"对象绘制"模式，同时要把直线工具的"对齐对象"模式打开。

图 4-86　使用墨水瓶工具给文本添加边框路径　　图 4-87　使用直线工具把文本的各个顶点连接起来

10）使用工具箱中的选择工具，把所有文本的填充都删除，只保留边框路径，如图 4-88 所示。

图 4-88　删除文本的填充色块

11）使用工具箱中的选择工具，把最后多余的一些线条删除，效果完成。

**4．操作技巧**

1）要给文本添加渐变色，一定要事先分离。

2）在分离多个文字的文本时，一定要分离两次才能分离到可编辑状态。

### 4.4.6　位图填充文字

**1．案例欣赏**

在实际的动画制作中，用户可以把位图和文本结合起来，制作位图填充文字效果，如图 4-89 所示。

图 4-89　位图填充文字效果

**2．思路分析**

要把位图填充到文本中，在 Flash 中有两种方法可以实现这个效果：位图填充和遮罩。在这里使用遮罩的方式来实现这个效果。

**3．实现步骤**

1）新建一个 Flash 文件。

2）选择"文件"→"导入"→"导入到舞台"（快捷键：〈Ctrl+R〉）命令，在当前的动画中导入一张图片素材，如图 4-90 所示。

3）单击时间轴面板中的"新建图层"按钮，创建一个新的图层，如图 4-91 所示。

图 4-90　往舞台中导入一张图片素材

图 4-91　插入一个新的图层

　　4）选择工具箱中的文本工具，在属性面板中设置文本类型为"静态文本"，颜色为"黑色"，字体为"黑体"，字体大小为"26"，如图 4-92 所示。

　　5）选择"图层 2"，使用文本工具在舞台中输入"网页顽主 www.go2here.net.cn"，如图 4-93 所示。

图 4-92　文本工具属性设置

图 4-93　在图层 2 的舞台中输入文本

　　6）在属性面板中分别修改"网页顽主"和"www.go2here.net.cn"的文本属性，调整效果如图 4-94 所示。

　　7）在时间轴面板的"图层 2"上右击，在弹出的快捷菜单中选择"遮罩层"命令，如图 4-95 所示。

图 4-94　调整文本属性后的效果

图 4-95　选择"遮罩层"命令

　　8）这时，时间轴面板中的图层会更改成遮罩层的样式，如图 4-96 所示。

图 4-96　遮罩层的样式

说明：如果需要更改这两个文本的上下排列方式，可以选择"修改"→"排列"命令进行调整。

**4. 操作技巧**

1）图片和文本一定要分别放置到两个不同的图层中。

2）文字所在的图层一定要在图片所在图层的上方。

3）在更改图层的上下位置关系时，可以直接用鼠标拖曳。

## 4.5　习题

**1. 选择题**

（1）若 Flash 动画中使用了本机系统没有安装的字体，在使用 Flash 播放器播放时，下列说法正确的是（　　）。

    A. 能正常显示字体

    B. 能显示但是使用替换字体

    C. 什么都不显示

    D. 以上说法都错误

（2）在对有很多字符的文本进行"分离"后，下列说法正确的是（　　）。

    A. 每个文本块中只包含一个字符

    B. 每个文本块中只包含二个字符

    C. 每个文本块中只包含三个字符

    D. 每个文本块中只包含四个字符

（3）在 Flash 播放器中，能够输入文本的文本框类型是（　　）。

    A. 静态文本框

    B. 动态文本框

    C. 输入文本框

    D. 以上说法都对

（4）在 FLASH 中，动态文本框是通过（　　）和程序传递数据的。

    A. 实例名称

    B. 变量名称

    C. URL 链接

    D. 文本字体

（5）要给文本添加渐变色，需要对文本进行的操作是（　　）。

A．直接填充渐变色

B．组合文本后，添加渐变色

C．把文本转换为元件后，添加渐变色

D．分离文本后，添加渐变色

**2．操作题**

（1）在舞台中输入自己的姓名，并设置字体为"黑体"，颜色为"红色"，字体大小为"100"，效果如图4-97所示。

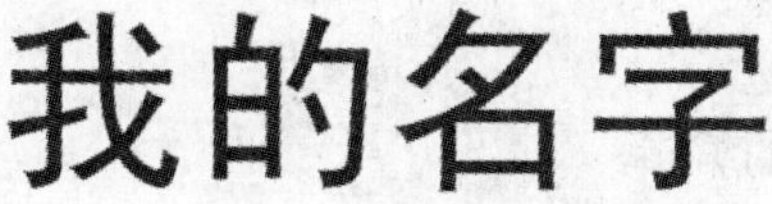

# 我的名字

图4-97　习题效果图

（2）在舞台中输入自己的姓名，并且设置其超级链接为"http://www.go2here.net.cn"，效果如图4-98所示。

（3）在舞台中输入自己的姓名，然后为文本填充渐变色，并且为边框路径也填充渐变色，效果如图4-99所示。

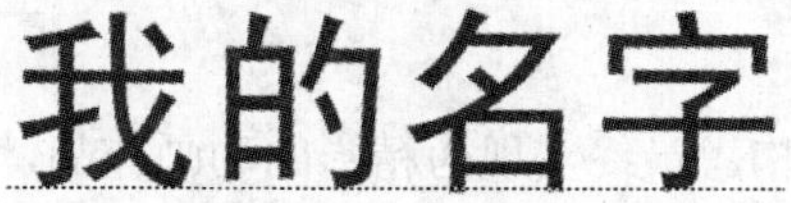

# 我的名字　　　我的名字

图4-98　习题效果图 　　　　　　图4-99　习题效果图

（4）在舞台中输入自己的姓名，然后给文本填充位图，填充的位图素材可以使用自己的照片。

# 第 5 章　Flash CS4 对象编辑和操作

**本章要点**
- Flash CS4 中的素材来源
- Flash CS4 中的素材类型
- Flash CS4 中图片素材的编辑

使用 Flash CS4 进行动画创作，需要与一些相关的对象打交道，这些对象就是动画的素材。在进行动画本身的编辑之前，设计者首先要根据头脑中形成的动画场景将相应的对象绘制出来或者从外部导入，并利用 Flash CS4 对这些对象进行编辑，包括位置、形状等各方面，使它们符合动画的要求，这是动画制作必要的前期工作。

## 5.1　Flash CS4 中对象的来源

"巧妇难为无米之炊"，要想将自己脑海中的巧妙构思最终实现为精彩的动画作品，首先必须有足够的和高品质的可供操作的对象，产生这些对象有两种途径，即使用 Flash CS4 提供的绘图工具自行绘制或从其他地方导入。

### 5.1.1　在 Flash CS4 中自行绘制对象

使用 Flash CS4 所提供的绘图工具可以直接绘制矢量图形，从而使用这些绘制出来的图形生成简单的动画效果，如图 5-1 所示。

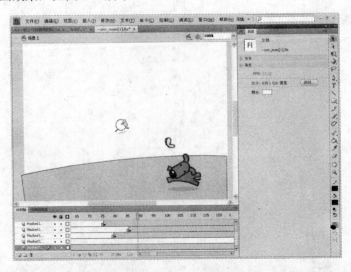

图 5-1　使用 Flash 的绘图工具绘制简单图形来制作动画

用 Flash CS4 直接绘制出来的矢量图形有两种不同的属性，即路径形式（Lines）和填充形式（Fills）。前面曾提到过，使用基本形状工具可以同时绘制出边框路径和填充颜色，就是这两种不同属性的具体表现。下面通过一个简单的案例来说明两种形式的区别，具体操作步骤如下：

1）新建一个 Flash 文件。

2）分别选择工具箱中的铅笔工具和笔刷工具，在位图中绘制粗细接近的两条直线，如图 5-2 所示。

3）选择工具箱中的选择工具，把鼠标指针移动到路径的边缘，通过拖曳改变路径的形状，如图 5-3 所示。

图 5-2　在舞台中分别绘制路径和色块　　　　　图 5-3　路径变形前后的效果对比

4）选择工具箱中的选择工具，把鼠标指针移动到色块的边缘，通过拖曳改变色块的形状，如图 5-4 所示。

图 5-4　色块变形前后的效果对比

可以看到：由于属性不同，即使有时它们两者的形状完全相同，在进行编辑时也有完全不同的特性，因此相应使用的工具和编辑的方法也不同。

## 5.1.2　导入外部对象

动画的制作往往是复杂而富于针对性的，在很多情况下不可能用手工绘制的方法得到所有对象，所以可以从其他的地方将对象导入。导入方式有 3 种：导入到舞台、导入到库和打开外部库。

### 1. 导入到舞台

可以把外部的图片素材直接导入到当前的动画舞台中，下面通过一个简单的案例来说明，具体操作步骤如下：

1）新建一个 Flash 文件。

2）选择"文件"→"导入"→"导入到舞台"（快捷键：〈Ctrl+R〉）命令，在弹出的"导入"对话框中查找需要导入的素材，如图 5-5 所示。

图 5-5　查找素材

3）单击"打开"按钮，素材会直接导入到当前的舞台中，如图 5-6 所示。

说明：如果要导入的文件名称以数字结尾，并且在同一文件夹中还有其他按顺序编号的文件，Flash 会自动提示是否导入文件序列，如图 5-7 所示。单击"是"按钮，可以导入所有的顺序文件；单击"否"按钮，则只导入指定的文件。

图 5-6　导入到舞台的图片

图 5-7　选择是否导入所有的素材

### 2. 导入到库

导入到库的操作过程和导入到舞台的基本一样，所不同的是，导入到动画中的对象会自动保存到库中，而不在舞台出现，下面通过一个简单的案例来说明，具体操作步骤如下：

1）新建一个 Flash 文件。

2）选择"文件"→"导入"→"导入到库"命令，在弹出的"导入"对话框中查找需要导入的素材，如图 5-8 所示。

3）单击"打开"按钮，素材会直接导入到当前动画的库中，如图 5-9 所示。

4）选择"窗口"→"库"（快捷键：〈Ctrl+L〉）命令，打开库面板。选择需要调用的素材，按住鼠标左键直接拖曳到舞台中的相应位置，如图 5-10 所示。

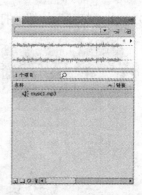

图 5-8　查找素材　　　　　　　　　　　　　　图 5-9　导入到库中的声音

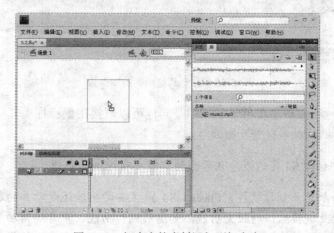

图 5-10　把库中的素材添加到舞台中

### 3. 打开外部库

打开外部库的作用是只打开其他动画文件的库面板而不打开舞台，这样做的好处是可以方便地在多个动画中互相调用不同库中的素材。下面通过一个简单的案例来说明，具体操作步骤如下：

1）新建一个 Flash 文件。

2）选择"文件"→"导入"→"打开外部库"（快捷键：〈Ctrl+Shift+O〉）命令，在弹出的"导入"对话框中查找需要打开的动画源文件，如图 5-11 所示。

图 5-11　查找需要打开的动画源文件

3）单击"打开"按钮，打开所选动画源文件的库面板，如图 5-12 所示。

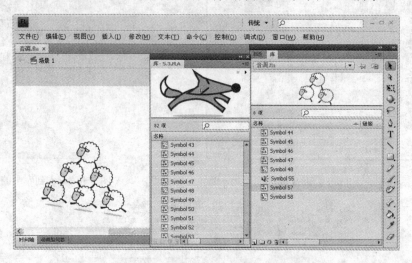

图 5-12　打开其他动画的库面板

4）打开的动画库面板呈灰色显示，但是同样可以直接用鼠标拖曳其中素材到当前动画中来，从而实现不同动画素材的互相调用。

提示：有关 Flash CS4 库的概念在后面的章节中有详细的介绍。

说明：作为一款动画制作软件，Flash CS4 最主要的功能还是动画的制作，在对象编辑方面，它不具备专业编辑软件的强大功能，如图形编辑功能、声音编辑功能等。所以在对所需对象要求较高，而对相关软件又有一些了解时，可以先在该软件中编辑相应的对象，等满意之后再将其导入到 Flash CS4 中，进行下一步的动画制作。

## 5.2　素材基础知识

Flash 动画中的素材并不仅仅指图片素材，同时也包括动画中需要的声音、视频等素材。综合使用各种素材，才能够制作出更好的动画效果。

### 5.2.1　Flash CS4 的图片素材

在使用 Flash 绘图之前，必须要了解一些与图片素材相关的概念。计算机中图片的显示方式有两种：矢量格式和位图格式。Flash 动画最大的特点就是支持"矢量"绘图。什么是矢量呢？相信使用过"Freehand"，"Illustrator"，"Corel Draw"等软件的读者一定不会陌生。

#### 1. 矢量图

矢量图使用称作矢量的直线和曲线描述图像，矢量也包括颜色和位置属性，所以比较适合用来设计较为精密的图形。在采用矢量方式绘制图形时，可以对矢量图形进行移动、调整大小、重定形状以及更改颜色的操作，而不更改其外观品质。矢量图形与分辨率无关，这意味着它们可以显示在各种分辨率的输出设备上，而丝毫不影响品质，如图 5-13 所示。

图 5-13  矢量图放大前后的对比效果

**提示：** 矢量图是 Flash 动画的基础，由于它具有以上的优点，在动画制作的时候，为了尽可能地使动画文件变小，在一般的情况下应尽量使用矢量图。当然，对于一些对图像要求比较高的地方，也可以有限制地使用位图。

### 2. 位图

位图是把图像上的每一个像素加以存储的图像类型，经过扫描仪或数码相机得到的图片都是位图，位图更适合表现自然真实的图像，因为其存储方式以像素为单位，而且颜色更加丰富。

在编辑位图图像时，修改的是像素点，而不是直线和曲线。位图图像跟分辨率有关，因为描述图像的数据是固定到特定尺寸的网格上的。因此，通过编辑位图，可以更改它的外观品质，特别是调整位图图像的大小，会使图像的边缘出现锯齿，这是因为网格内的像素重新进行分布的缘故，如图 5-14 所示。

图 5-14  位图放大前后的对比效果

## 5.2.2  Flash CS4 的声音素材

为动画配音堪称点睛之笔，因为大部分时候，使用声音往往可以实现动画所不能表达的效果。Flash CS4 几乎支持了现在计算机系统中所有主流的声音文件格式，如下所示。

● WAV（仅限 Windows）

- AIFF（仅限 Macintosh）
- MP3（Windows 或 Macintosh）

**说明：** 所有导入到 Flash 中的声音文件会自动保存到当前 Flash 动画的库中。

### 5.2.3　Flash CS4 的视频素材

Flash CS4 的视频功能较以往版本有了很大的改进，它支持一种新的编码格式——On2 的 VP6，这种编码格式较 Flash 7 的视频编码格式有了很大提高。Flash CS4 还支持α透明功能，使设计人员在 Flash 视频中可以整合文本、矢量图像、其他 Flash 元素。所支持导入的视频文件格式如下。

- .avi（音频视频交叉）
- .dv（数字视频）
- .mpg、.mpeg（运动图像专家组）
- .mov（QuickTime 影片）
- .wmv、.asf（Windows 媒体文件）

如果系统上安装了 QuickTime 4 或更高版本（Windows 或 Macintosh），或 DirectX 7 或更高版本（仅限 Windows），则可以导入更多文件格式的嵌入视频剪辑，包括 MOV（QuickTime 影片）、AVI（音频视频交叉文件）、MPG/MPEG（运动图像专家组文件）及 MOV 格式的链接视频剪辑等。

**提示：** 如果要导入视频文件的格式，Flash CS4 不支持，它会显示一个提示信息，说明不能完成导入。对于某些视频文件，Flash CS4 只能导入其中的视频部分而无法导入其中的音频。

### 5.2.4　案例上机操作：电视机效果

在 Flash 动画中结合视频将能实现更加丰富的动画效果。下面通过一个案例来说明，具体操作步骤如下：

1）新建一个 Flash 文件。

2）选择"文件"→"导入"→"导入到舞台"（快捷键：〈Ctrl+R〉）命令，把图片素材"电视效果素材.png"导入到当前动画的舞台中，如图 5-15 所示。

3）单击时间轴面板中的"新建图层"按钮，创建一个新的图层"图层 2"，如图 5-16 所示。

图 5-15　在舞台中导入图片素材

图 5-16　创建一个新的图层

4）选择"文件"→"导入"→"导入视频"命令，在弹出的"导入视频"对话框中查找视频文件的位置，如图 5-17 所示。

5）把视频素材"视频素材.wmv"导入到当前舞台的"图层 2"中，如图 5-18 所示。

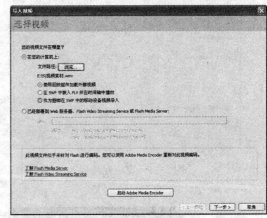

图 5-17　选择需要导入的视频文件　　　　　图 5-18　选择需要打开的视频文件

6）在文件路径下面的 3 个"部署"选项中选择适合的部署视频类型，如图 5-19 所示。

7）单击"下一步"按钮，在导入视频的"嵌入"选项中调整嵌入视频文件的方式，如图 5-20 所示。

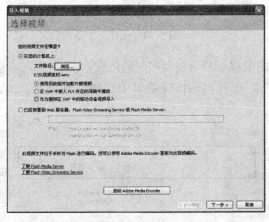

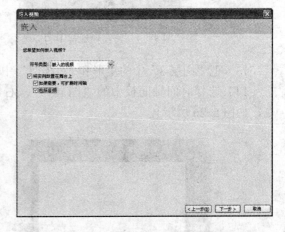

图 5-19　视频的部署选项　　　　　　　　　图 5-20　选择嵌入视频的方式

8）单击"下一步"按钮，在导入视频的"完成视频导入"对话框中会出现视频文件的设置说明，如图 5-21 所示。

9）单击"结束"按钮，会弹出"正在处理"对话框，显示 Flash 视频导入进程，如图 5-22 所示。当对话框的进度条显示为 100%时，表示视频导入完毕。

10）视频导入完毕后，显示在舞台的"图层 2"中，如图 5-23 所示。

11）单击时间轴面板中的"新建图层"按钮，创建一个新的图层"图层 3"，如图 5-24 所示。

12）选择工具箱中的矩形工具，在"图层 3"中绘制一个和电视机屏幕同样大小的矩形，颜色不限，如图 5-25 所示。

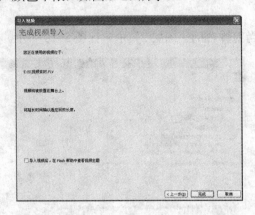

图 5-21　完成视频导入　　　　　　　　　图 5-22　"正在处理"对话框

图 5-23　导入到舞台中的视频　　　　　　图 5-24　创建一个新的图层

13）把"图层 3"中的矩形和"图层 1"中的电视屏幕调整到相同的位置。

14）选择时间轴面板中的"图层 3"，右击，在弹出的快捷菜单中选择"遮罩层"命令，如图 5-26 所示。

图 5-25　在"图层 3"中绘制一个和　　　　图 5-26　右击"图层 3"选择
　　　　电视屏幕同样大小的矩形　　　　　　　　　"遮罩层"命令

15）这样就可以把视频的内容显示在矩形内，动画效果完成，如图 5-27 所示。

16）选择"控制"→"测试影片"（快捷键：〈Ctrl+Enter〉）命令，在 Flash 播放器中预览动画效果，如图 5-28 所示。

图 5-27　动画效果完成　　　　　　　　　　　　　图 5-28　完成后的最终效果

说明：在 Flash 中结合视频制作特殊效果的方法还有很多，用户可以自己慢慢尝试。

## 5.3　编辑位图

虽然 Flash 是一个矢量绘图软件，所提供的工具也都是矢量绘图工具，但是在 Flash 中仍然可以简单地编辑位图，并可以结合位图在 Flash 中制作动画效果，如图 5-29 所示。

图 5-29　结合位图的 Flash 动画

### 5.3.1　设置位图属性

在 Flash CS4 中，所有导入到动画中的位图都会自动保存到当前动画的库面板中，用户可以在库面板中对位图的属性进行设置，从而对位图进行优化，加快下载速度。具体操作步骤如下：

1）首先把位图素材导入到当前动画中。

2）选择"窗口"→"库"（快捷键：〈Ctrl+L〉）命令，打开当前动画的库面板，如图 5-30 所示。

3）选择库面板中需要编辑的位图素材并双击。

4）在弹出的"位图属性"对话框中对所选位图进行设置，如图 5-31 所示。

5）选择"允许平滑"复选框，可以平滑位图素材的边缘。

6）展开"压缩"下拉列表，如图 5-32 所示。

7）选择"照片"选项表示用 JPEG 格式输出图像，选择"无损"选项表示以压缩的格式输出文件，但不牺牲任何的图像数据。

图 5-30　库面板

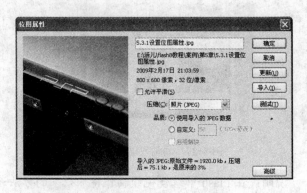

图 5-31　"位图属性"对话框

8）选择"使用导入的 JPEG 数据"选项表示使用位图素材的默认质量，也可以选择"自定义"选项，并在其文本框中输入新的品质值，如图 5-33 所示。

图 5-32　"压缩"选项的下拉列表

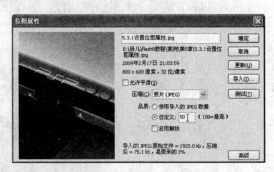

图 5-33　自定义位图属性

9）单击"更新"按钮，表示更新导入的位图素材。

10）单击"导入"按钮，可以导入一张新的位图素材。

11）单击"测试"按钮，可以显示文件压缩的结果，并与未压缩的文件尺寸进行比较。

### 5.3.2　套索工具

套索工具 主要用来选择图像中任意形状的区域，选中后的区域可以作为单一对象进行编辑。套索工具也常常用于分割图像中的某一部分。

单击工具箱中的套索工具，可以在工具箱的选项区中看到套索工具的附加功能，包含魔术棒工具和多边形套索工具，如图 5-34 所示。

**1. 使用套索工具**

使用套索工具可以在图形中选择一个任意的鼠标绘制区域，具体操作步骤如下：

图 5-34　套索工具的选项区域

1）选择工具箱中的套索工具。

2）沿着对象区域的轮廓拖曳鼠标绘制。

3）在起始位置的附近结束拖曳，形成一个封闭的环，则被套索工具选中的图形将自动融合在一起。

**2．使用多边形套索工具**

使用多边形套索工具可以在图形中选择一个多边形区域，其每条边都是直线，具体操作步骤如下：

1）选择工具箱中的多边形套索工具。

2）使用鼠标在图形上依次单击，绘制一个封闭区域。

3）被套索工具选中的图形将自动融合在一起。

**3．使用魔术棒工具**

使用魔术棒工具可以在图形中选择一片颜色相同的区域，它与前两工具的不同之处在于，套索工具和多边形套索工具选择的是形状，而魔术棒工具选择的是一片颜色相同的区域。具体操作步骤如下：

1）选择工具箱中的魔术棒工具。

2）单击"魔术棒属性"按钮，弹出"魔术棒设置"对话框，如图 5-35 所示。

3）在"阈值"文本框中输入 0～200 之间的整数，可以设定相邻像素在所选区域内必须达到的颜色接近程度。数值越高，可以选择的范围就越大。

图 5-35　"魔术棒设置"对话框

4）在"平滑"下拉列表中设置所选区域边缘的平滑程度。

**说明**：如果需要选择导入到舞台中的位图素材，必须先选择"分离"命令（快捷键：〈Ctrl+B〉），将其转换为可编辑的状态。

### 5.3.3　案例上机操作：贺卡的制作

在 Flash 动画中结合视频能够实现更加丰富的动画效果。下面通过一个具体的案例来说明，操作步骤如下：

1）新建一个 Flash 文件。

2）选择"文件"→"导入"→"导入到舞台"（快捷键：〈Ctrl+R〉）命令，把图片素材"背景.jpg"导入到当前动画的舞台中，如图 5-36 所示。

3）选择"修改"→"分离"（快捷键：〈Ctrl+B〉）命令，把导入到当前动画的位图素材"背景.jpg"转换为可编辑的网格状，如图 5-37 所示。

图 5-36　在舞台中导入图片素材　　　　图 5-37　使用"分离"命令把位图转换为可编辑状态

4）取消当前图片的选择状态，选择工具箱中的套索工具。

5）使用套索工具在当前图片上拖曳鼠标，绘制一个任意的区域，如图 5-38 所示。

6）使用工具箱中的选择工具，把选取区域以外的部分全部删除，如图 5-39 所示。

图 5-38　使用套索工具选择图片的任意区域　　　图 5-39　使用选择工具删除多余的区域

7）选择"修改"→"组合"（快捷键：〈Ctrl+G〉）命令，将得到的图形区域组合起来，以避免和其他的图形裁切，如图 5-40 所示。

8）选择工具箱中的任意变形工具，按住〈Shift〉键拖曳某一顶点，把得到的图形适当缩小，以符合舞台尺寸，如图 5-41 所示。

图 5-40　把得到的图形区域组合起来　　　图 5-41　使用任意变形工具缩小图形

9）选择"窗口"→"对齐"（快捷键：〈Ctrl+K〉）命令，打开对齐面板。把缩小后的图形对齐到舞台的中心位置，如图 5-42 所示。

图 5-42　使用对齐面板把图形对齐到舞台的中心位置

10）选择"文件"→"导入"→"导入到舞台"（快捷键：〈Ctrl+R〉）命令，把图片素材"树叶.jpg"导入到当前动画的舞台中，如图 5-43 所示。

图 5-43　继续导入位图素材"树叶"到舞台

11）选择"修改"→"分离"（快捷键：〈Ctrl+B〉）命令，把导入到当前动画中的位图素材"树叶.jpg"转换到可编辑的网格状，如图5-44所示。

图5-44　把位图转换为可编辑状态

12）取消当前图片的选择状态，选择工具箱中的魔术棒工具。

13）在当前图片上的空白区域单击，选择并删除素材树叶的白色背景，如图5-45所示。

图5-45　使用魔术棒工具选择并删除图片的白色背景

14）选择"修改"→"组合"（快捷键：〈Ctrl+G〉）命令，把树叶组合起来，以避免和其他的图形裁切。

15）选择"窗口"→"变形"（快捷键：〈Ctrl+K〉）命令，打开变形面板。把树叶缩小为原来的20%，并单击"重制选区和变形"按钮，复制一个新的对象，如图5-46所示。

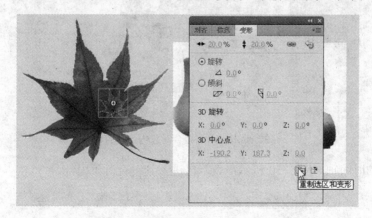

图5-46　使用变形面板缩小并复制树叶素材

16）使用同样的方法，分别得到 20%、30%和 40%大小的树叶，并调整到舞台中合适的位置，如图 5-47 所示。

图 5-47　把得到的 3 片叶子调整到合适位置

17）选择"文件"→"导入"→"导入到舞台"（快捷键：〈Ctrl+R〉）命令，把图片素材"美女.ai"导入到当前动画的舞台中，如图 5-48 所示。

图 5-48　在舞台中导入图片素材

18）导入进来的素材"美女.ai"默认是组合状态，用户可以在当前图形上双击，以进入到组合对象内部进行编辑。此时，其他的对象都呈半透明状显示，如图 5-49 所示。

图 5-49　双击进入到组合对象内部进行编辑

19）这时的时间轴如图 5-50 所示，表示已进入到组合对象内部。

图 5-50　进入到组合对象内部时的时间轴状态

20）在组合对象内部对当前的图形进行位图填充，如图 5-51 所示。由于具体操作已在前面介绍，这里就不在赘述。

图 5-51　对图形进行位图填充

21）单击时间轴上的"场景 1"，返回到场景的编辑状态。

22）调整各个图形的位置，如图 5-52 所示。

图 5-52　回到场景的编辑状态，调整各个图形的位置

23）选择工具箱的文本工具，在位图中输入文字，并调整其位置，最终效果如图 5-53 所示。

图 5-53　最终完成效果

**注意**：Flash 的绘图工具不仅仅支持矢量绘图和编辑，同样支持位图编辑，但在编辑位图之前一定要先分离位图。

### 5.3.4　转换位图为矢量图

前面了解到可以通过把位图分离来对位图进行编辑，但是分离后的位图是否就转换成了矢量图呢？当然不会这么简单。位图是由像素点构成的，而矢量图是由路径和色块构成的，它们在本质上有着很大的区别。

并不是所有的图形软件都能够把位图转换成矢量图，但是 Flash CS4 却提供了一个非常有用的"转换位图为矢量图"命令，这样在动画制作中，获得素材的方式就更多了。下面通过一个简单的案例来说明，具体操作步骤如下：

1）新建一个 Flash 文件。

2）选择"文件"→"导入"→"导入到舞台"（快捷键：〈Ctrl+R〉）命令，把图片素材导入到当前动画的舞台中，如图 5-54 所示。

图 5-54　在舞台中导入图片素材

3）选择"修改"→"位图"→"转换位图为矢量图"命令，弹出"转换位图为矢量图"对话框，如图 5-55 所示。对各个选项的功能说明如下：

● 颜色阈值：在这个文本框中输入的数值范围是 1～500。当两个像素进行比较后，如果它们在 RGB 颜色值上的差异低于该颜色阈值，则两个像素被认为是颜色相同。如果增大了该阈值，则意味着降低了颜色的数量。

● 最小区域：在这个文本框中输入的数值范围是 1～1000。用于设置在指定像素颜色时要考虑的周围像素的数量。

● 曲线拟合：用于确定所绘制轮廓的平滑程度，如图 5-56 所示。其中，选择"像素"，图像最接近于原图；选择"非常紧密"，图像不失真；选择"紧密"，图像几乎不失真；选择"一般"，是推荐使用的选项；选择"平滑"，图像相对失真；选择"非常平滑"，图像严重失真。

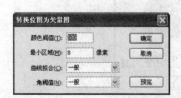

图 5-55　"转换位图为矢量图"对话框

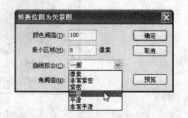

图 5-56　曲线拟合选项

● 角阈值：用于确定是保留锐边还是进行平滑处理，如图 5-57 所示。

图 5-57　角阈值选项

其中，选择"较多转角"，表示转角很多，图像将失真；选择"一般"，是推荐使用的选项；选择"较少转角"，图像不失真，如图 5-58 所示为使用不同设置的位图转换效果。

原图　　　　　　颜色阈值为 200，最小区域为 10　　　颜色阈值为 40，最小区域为 4

图 5-58　使用不同设置的位图转换效果

提示：如果导入的位图包含复杂的形状和许多颜色，则转换后的矢量图文件会比原来的位图文件大。

## 5.4　编辑图形

在动画制作的过程中，设计者需要根据设计的动画流程，对相关的对象进行移动、旋转、变形等编辑操作，并根据生成动画的预览效果，对对象的属性进一步修改。所以，对对象的编辑操作是使用 Flash CS4 制作动画的基本的和主体的工作。

### 5.4.1　任意变形工具

任意变形工具是 Flash CS4 提供的一项基本的编辑功能，对象的变形不仅包括缩放、旋转、倾斜、翻转等基本的变形形式，还包括扭曲、封套等特殊的变形形式。

选择工具箱中的任意变形工具，在舞台中选择需要进行变形的图像，在工具箱的选项区内将出现如图 5-59 所示的附加功能。下面分别以简单的实例来介绍任意变形工具的使用。

#### 1．旋转与倾斜

旋转会使对象围绕其中心点进行旋转。一般中心点都　图 5-59　任意变形工具的附加选项在对象的物理中心，通过调整中心点的位置，可以得到不同的旋转效果。而倾斜的作用是使图形对象倾斜。下面通过一个简单的案例来说明，具体操作步骤如下：

1）选择舞台中的对象。

2）选择工具箱中的任意变形工具，在工具箱中单击附加选项中的"旋转与倾斜"按钮。

3）在舞台中的图形对象周围会出现一个可以调整的矩形框，该矩形框上一共有 8 个控制点，如图 5-60 所示。

4）将鼠标指针放置在矩形框边线中间的 4 个控制点上，可以对对象进行倾斜操作，如图 5-61 所示。

图 5-60　使用旋转与倾斜工具选择舞台中的对象　　　　图 5-61　对图形对象进行倾斜操作

5）将鼠标指针放置在矩形框的 4 个顶点上，可以对对象进行旋转操作，在默认情况下，是围绕图形对象的物理中心点进行旋转的，如图 5-62 所示。

6）也可以通过鼠标指针拖曳，改变默认中心点的位置。对于以后的操作，图形对象将围绕调整后的中心点进行旋转，如图 5-63 所示。

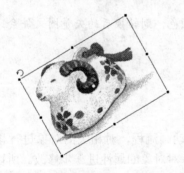 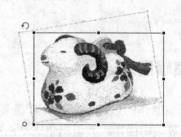

图 5-62　对图形对象进行旋转操作　　　　　　图 5-63　改变对象旋转的中心点

**提示**：如果希望重置中心点，可以在调整后的中心点上双击。

### 2．缩放

可以通过调整图形对象的宽度和高度来调整对象的尺寸，这是在设计中使用非常频繁的操作。下面通过一个简单的案例来说明，具体操作步骤如下：

1）选择舞台中的对象。

2）选择工具箱中的任意变形工具，在工具箱中单击附加选项中的"缩放"按钮。

3）在舞台中的图形对象周围会出现一个可以调整的矩形框，该矩形框上一共有 8 个控制点，如图 5-64 所示。

4）将鼠标指针放置在矩形框边线中间的 4 个控制点上，可以单独改变图形对象的宽度和高度，如图 5-65 所示。

 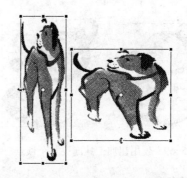

图 5-64　使用缩放工具选择舞台中的对象　　　图 5-65　分别改变图形对象的宽度和高度

5）将鼠标指针放置在矩形框的 4 个顶点上，可以同时改变当前图形对象的宽度和高度，如图 5-66 所示。

提示：如果希望等比例改变当前对象的尺寸，可以在缩放的过程中按住〈Shift〉键。

3. 扭曲

扭曲也称为对称调整，对称调整就是在对象的一个方向上进行调整时，反方向也会自动调整。下面通过一个简单的案例来说明，具体操作步骤如下：

图 5-66　同时改变当前图形对象的宽度和高度

1）选择舞台中的对象。

2）选择工具箱中的任意变形工具，在工具箱中单击附加选项中的"扭曲"按钮。

3）在舞台中的图形对象周围会出现一个可以调整的矩形框，该矩形框上一共有 8 个控制点，如图 5-67 所示。

4）将鼠标指针放置在矩形框边线中间的 4 个控制点上，可以单独改变 4 个边的位置，如图 5-68 所示。

图 5-67　使用扭曲工具选择舞台中的对象　　　图 5-68　使用扭曲工具拖曳 4 个中间点

5）将鼠标指针放置在矩形框的 4 个顶点上，可以单独调整图形对象的一个角，如图 5-69 所示。

6）在拖曳 4 个顶点的过程中，按住〈Shift〉键可以锥化该对象，使该角和相邻角沿彼此的相反方向移动相同距离，如图 5-70 所示。

图 5-69　使用扭曲工具拖曳 4 个顶点　　　图 5-70　在拖曳过程中按住〈Shift〉键锥化图形对象

### 4. 封套

封套功能有些类似于部分选取工具的功能，它允许使用切线调整曲线，从而调整对象的形状。下面通过一个简单的案例来说明，具体操作步骤如下：

1）选择舞台中的对象。

2）选择工具箱中的任意变形工具，在工具箱中单击附加选项中的"封套"按钮。

3）在舞台中的图形对象周围会出现一个可以调整的矩形框，该矩形框上一共有 8 个方形控制点，并且每个方形控制点两边都有两个圆形的调整点，如图 5-71 所示。

4）将鼠标指针放置在矩形框的 8 个方形控制点上，可以改变图形对象的形状，如图 5-72 所示。

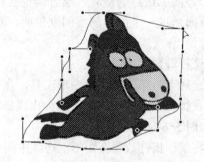

图 5-71　使用封套工具选择舞台中的对象　　　图 5-72　对图形对象进行变形操作

5）将鼠标指针放置在矩形框的圆形点上，可以对每条边的边缘进行曲线变形，如图 5-73 所示。

图 5-73　对图形对象进行曲线编辑

118

**提示**：扭曲工具和封套工具不能修改元件、位图、视频对象、声音、渐变、对象组和文本。如果所选内容包含以上内容，则只能扭曲形状对象。另外，要修改文本，必须首先将文本分离。

### 5.4.2 变形命令

对图形对象进行形状的编辑，也可以使用 Flash CS4 的变形命令完成。即 Flash 不仅不仅提供了前面介绍的任意变形工具，还提供了一些更加方便快捷的变形命令。选择"修改"→"变形"命令，可以显示 Flash CS4 中的所有变形命令，如图 5-74 所示。

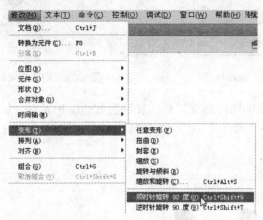

图 5-74　Flash CS4 中的变形命令

通过其中命令，可以对对象进行顺时针或逆时针 90°的旋转，也可以直接旋转 180°。同时也可以对对象进行垂直和水平翻转。只需在选择舞台中的对象后，选择相应的命令即可实现变形效果。

### 5.4.3 案例上机操作：倒影效果

图 5-75 所示为一个有倒影的 LOGO，它整体给人一种立体的感觉，其具体操作步骤如下：

1）新建一个 Flash 文件。

2）选择"文件"→"导入"→"导入到舞台"（快捷键：〈Ctrl+R〉）命令，把图片素材"Avivah.png"导入到当前动画的舞台中，如图 5-76 所示。

图 5-75　倒影效果

图 5-76　在舞台中导入图片素材

3）选择"修改"→"转换为元件"（快捷键：〈F8〉）命令，弹出"转换为元件"对话框，如图 5-77 所示。

4）选择"图形"元件类型，单击"确定"按钮，把导入到当前动画中的位图素材"背景.jpg"转换为图形元件，如图 5-78 所示。

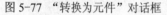

图 5-77　"转换为元件"对话框

图 5-78　把图形素材转换为图形元件

5）在按住〈Alt〉键的同时拖曳鼠标，复制当前的图形元件，如图 5-79 所示。

6）选择"修改"→"变形"→"垂直翻转"命令，把复制出来的图形元件垂直翻转，如图 5-80 所示。

图 5-79　复制当前的图形元件

图 5-80　垂直翻转复制出来的图形元件

7）调整两个图形元件在舞台中的位置，如图 5-81 所示。

8）选择下方的图形元件，在属性面板的"样式"下拉列表中选择"Alpha"选项，如图 5-82 所示。

图 5-81　调整两个图形元件在舞台中的位置

图 5-82　选择"Alpha"选项

120

9）设置下方图形元件的透明度为"30%"，完成最终效果，如图 5-75 所示。

## 5.4.4 组合与分散到图层

组合与分散操作常用于舞台中对象比较复杂的时候，下面分别介绍它们的使用。

### 1. 组合对象

组合对象的操作会涉及到对象的组合与解组两部分，组合后的各个对象可以被一起移动、复制、缩放和旋转等，这样会减少编辑中不必要的麻烦。当需要对组合对象中的某个对象进行单独的编辑时，可以在解组后再进行编辑。组合不仅可以在对象和对象之间，也可以在组合和组合对象之间。组合的操作步骤如下：

1）选择舞台中需要组合的多个对象，如图 5-83 所示。

2）选择"修改"→"组合"（快捷键：〈Ctrl+G〉）命令，将所选对象组合成一个整体，如图 5-84 所示。

图 5-83　同时选择舞台中的多个对象　　　　图 5-84　组合后的对象

3）如果需要对舞台中已经组合的对象进行解组，可以选择"修改"→"取消组合"（快捷键：〈Ctrl+Shift+G〉）命令。

4）也可以在组合后的对象上双击，进入到组合对象的内部，单独编辑组合内的对象，如图 5-85 所示。

图 5-85　进入到组合对象内部单独编辑对象

5) 在完成单独对象的编辑后，只需要单击时间轴左上角的"场景 1"按钮，从当前的"组合"编辑状态返回到场景编辑状态就可以了。

### 2. 分散到图层

在 Flash 动画制作中，可以把不同的对象放置到不同的图层中，以便于制作动画时操作方便。为此，Flash CS4 提供了非常方便的命令——分散到图层，帮助用户快速地把同一图层中的多个对象分别放置到不同的图层中。具体操作步骤如下：

1) 在一个图层中选择多个对象，如图 5-86 所示。

2) 选择"修改"→"时间轴"→"分散到图层"（快捷键：〈Ctrl+Shift+D〉）命令，把舞台中的不同对象放置到不同的图层中，如图 5-87 所示。

图 5-86　选择同一个图层中的多个对象

图 5-87　分散到图层

## 5.4.5　对齐面板

虽然可以借助一些辅助工具，如标尺、网格等将舞台中的对象对齐，但是不够精确。通过使用对齐面板，可以实现对象的精确定位。

选择"窗口"→"对齐"（快捷键：〈Ctrl+K〉）命令，可以打开 Flash CS4 的对齐面板，如图 5-88 所示。在对齐面板中，包含"对齐"、"分布"、"匹配大小"、"间隔"和"相对于舞台"5 个选项组。下面通过一些具体操作来说明它们的功能。

### 1. 对齐

"对齐"选项组中的 6 个按钮，用来进行多个对象的左边、水平中间、右边、顶部、垂直中间、底部对齐操作。

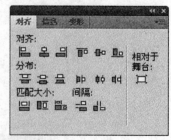
图 5-88　对齐面板

- 左对齐：以所有被选对象的最左侧为基准，向左对齐，如图 5-89 所示。
- 水平中齐：以所有被选对象的中心进行垂直方向上的对齐，如图 5-90 所示。
- 右对齐：以所有被选对象的最右侧为基准，向右对齐，如图 5-91 所示。
- 上对齐：以所有被选对象的最上方为基准，向上对齐，如图 5-92 所示。

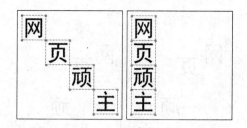

图 5-89 左对齐前后对比

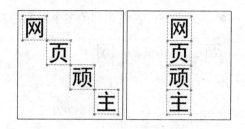

图 5-90 水平中齐前后对比

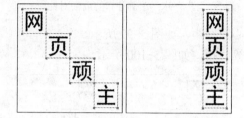

图 5-91 右对齐前后对比

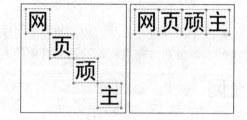

图 5-92 上对齐前后对比

- 垂直中齐：以所有被选对象的中心进行水平方向上的对齐，如图 5-93 所示。
- 底对齐：以所有被选对象的最下方为基准，向下对齐，如图 5-94 所示。

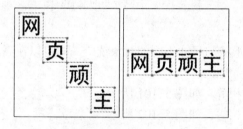

图 5-93 垂直中齐前后对比

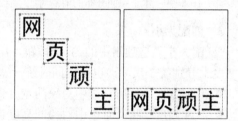

图 5-94 底对齐前后对比

## 2．分布

"分布"选项组中的 6 个按钮，用于使所选对象按照中心间距或边缘间距相等的方式进行分布，包括顶部分布、垂直中间分布、底部分布、左侧分布、水平中间分布、右侧分布。

- 顶部分布：上下相邻的多个对象的上边缘等间距，如图 5-95 所示。
- 垂直中间分布：上下相邻的多个对象的垂直中心等间距，如图 5-96 所示。

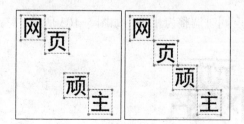

图 5-95 顶部分布的前后对比

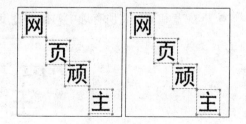

图 5-96 垂直中间分布的前后对比

- 底部分布：上下相邻的多个对象的下边缘等间距，如图 5-97 所示。

● 左侧分布：左右相邻的多个对象的左边缘等间距，如图 5-98 所示。

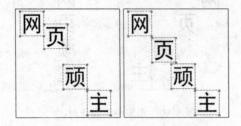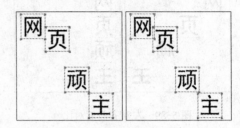

图 5-97　底分布的前后对比　　　　　　　图 5-98　左侧分布的前后对比

● 水平中间分布：左右相邻的多个对象的中心等间距，如图 5-99 所示。
● 右侧分布：左右相邻的两个对象的右边缘等间距，如图 5-100 所示。

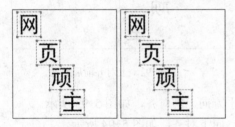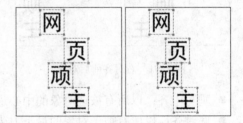

图 5-99　水平中间分布的前后对比　　　　图 5-100　右侧分布的前后对比

### 3．匹配大小

"匹配大小"选项组中的 3 个按钮，用于将形状和尺寸不同的对象统一，即可以在高度或宽度上分别统一尺寸，也可以同时统一宽度和高度。

● 匹配宽度：将所有选中对象的宽度调整为相等，如图 5-101 所示。
● 匹配高度：将所有选中对象的高度调整为相等，如图 5-102 所示。

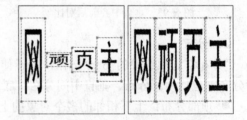

图 5-101　匹配宽度的前后对比　　　　　　图 5-102　匹配高度的前后对比

● 匹配宽和高：将所有选中对象的宽度和高度同时调整为相等，如图 5-103 所示。

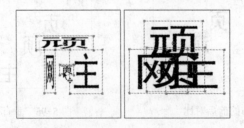

图 5-103　匹配宽和高的前后对比

4．间隔

"间隔"选项组中有两个按钮，用于使对象之间的间距保持相等。

● 垂直平均间隔：使上下相邻的多个对象的间距相等，如图 5-104 所示。
● 水平平均间隔：使左右相邻的多个对象的间距相等，如图 5-105 所示。

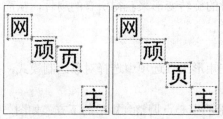

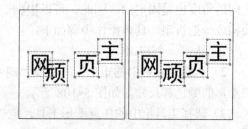

图 5-104　垂直平均间隔的前后对比　　　　图 5-105　水平平均间隔的前后对比

5．相对于舞台

相对于舞台是以整个舞台为参考对象来进行对齐的。

## 5.4.6　变形面板和信息面板

在前面的变形过程中，只能粗略地改变对象的形状，如果要精确控制对象的变形程度，可以使用变形面板和信息面板来完成。下面通过一个简单的操作来说明，步骤如下。

1）选择舞台中的对象。

2）选择"窗口"→"对齐"（快捷键：〈Ctrl+I〉）命令，打开 Flash CS4 的信息面板，如图 5-106 所示。

3）在信息面板中可以以像素为单位改变当前对象的宽度和高度，也可以调整对象在舞台中的位置。在信息面板的下方还会出现当前选择对象的颜色信息。

4）选择"窗口"→"变形"（快捷键：〈Ctrl+T〉）命令，打开 Flash CS4 的变形面板，如图 5-107 所示。

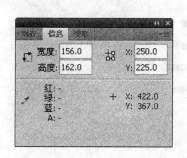

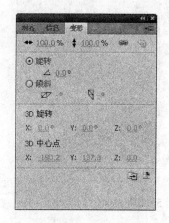

图 5-106　Flash CS4 的信息面板　　　　图 5-107　Flash CS4 的变形面板

5）在变形面板中可以以百分比为单位改变当前对象的宽度和高度，也可以调整对象的旋转角度和倾斜程度。

6）单击"重制选区和变形"按钮，可以在变形对象的同时复制对象。

### 5.4.7 案例上机操作：折扇的制作

折扇的结构很特别，它由多根扇骨和扇面构成，并且每一根扇骨的形状一致，两根扇骨之间的角度也是固定的。因此，可以根据一根扇骨的旋转变形来获得所有的扇骨，从而和扇面构成一把折扇。具体操作步骤如下：

1）新建一个 Flash 文件。

2）选择工具箱中的矩形工具绘制"扇骨"，在矩形工具选项中选择对象绘制模式，并调整矩形的颜色和尺寸，如图 5-108 所示。

3）选择工具箱中的任意变形工具，把当前矩形的中心点调整到矩形的下方，如图 5-109 所示。

图 5-108　在舞台中绘制扇骨　　　　　　图 5-109　使用任意变形工具调整矩形中心点的位置

4）选择"窗口"→"变形"（快捷键：〈Ctrl+T〉）命令，打开 Flash CS4 的变形面板，如图 5-110 所示。

5）在变形面板的"旋转"文本框中输入旋转角度为"15"，然后单击"重制选区和变形"按钮，一边旋转一边复制多个矩形，如图 5-111 所示。

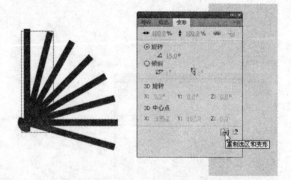

图 5-110　Flash CS4 的变形面板　　　　　图 5-111　使用变形面板旋转并复制当前的矩形

6）单击时间轴中的"新建图层"按钮，创建一个新的图层"图层 2"，如图 5-112 所示。

7）选择工具箱中的线条工具，在扇骨的两边绘制两条直线（由于此时直线是绘制在"图层 2"中的，所以是独立的），如图 5-113 所示。

图 5-112　创建一个新的图层　　　　　图 5-113　在新的图层中绘制两条直线

8）使用选择工具，将两条直线拉成和扇面弧度一样的圆弧，如图 5-114 所示。

9）选择工具箱中的线条工具，把两条直线的两端连接起来，变成一个闭合的路径，同时使用油漆桶工具填充一种颜色，如图 5-115 所示。

图 5-114　使用选择工具对直线变形　　　　　图 5-115　给得到的形状填充颜色

10）在颜色面板中的"类型"下拉列表中选择"位图"选项，单击"导入"按钮，在弹出的"导入到库"对话框中找到扇面的图片素材。

11）所选图片将会填充到"扇面"中，如图 5-116 所示。

12）选择工具箱中的填充变形工具，调整填充到扇面中的图片素材，使图片和"扇面"更加吻合，如图 5-117 所示。

图 5-116　把图片填充到扇面中　　　　　图 5-117　使用填充变形工具调整填充到扇面中的图片素材

13）完成最终效果，如图 5-118 所示。

图 5-118　最终完成的折扇效果

## 5.5　修饰图形

路径和色块是 Flash CS4 中经常要使用的对象，主要用来实现各种动画效果。除了可以使用前面介绍过的工具进行调整以外，还可以使用 Flash CS4 所提供的一些修饰命令来进行调整。

### 5.5.1　优化路径

优化路径的作用就是通过减少定义路径形状的路径点数量，来改变路径和填充的轮廓，以达到减小 Flash 文件大小的目的。优化路径的操作步骤如下：

1）选择舞台中需要优化的图形对象。

2）选择"修改"→"形状"→"优化"（快捷键：〈Ctrl+Alt+Shift+C〉）命令，弹出 Flash CS4 的"最优化曲线"对话框，如图 5-119 所示。

3）拖曳"优化强度"滑块调整路径平滑的程度，也可以直接填写数字。

4）选择"显示总计消息"复选框，将显示提示框，提示完成平滑时优化的效果，如图 5-120 所示。

图 5-119　"优化曲线"对话框

图 5-120　显示总计消息的提示框

5）不同的优化对比效果如图 5-121 所示。

原图　　　　优化后　　　　重复优化后

图 5-121　不同的优化对比效果

## 5.5.2 将线条转换为填充

将线条转换为填充的目的，是为了把路径的编辑状态转换为色块的编辑状态，从而填充渐变色，进行路径运算等。但是在 Flash CS4 中，路径已经可以任意的改变粗细和填充渐变色，所以该命令的使用相对较少。将线条转换为填充的操作步骤如下：

1）使用基本绘图工具在舞台中绘制路径，如图 5-122 所示。

2）选择"修改"→"形状"→"将线条转换为填充"命令，将路径转换为色块，如图 5-123 所示。

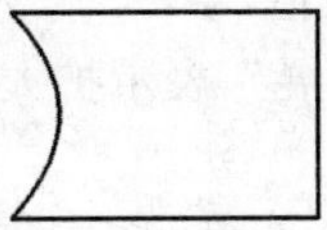

图 5-122　在舞台中绘制路径

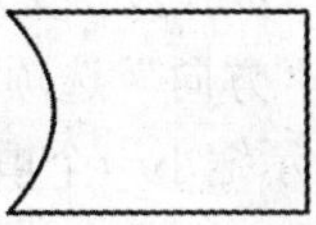

图 5-123　将路径转换为色块

3）转换后，对路径和色块进行变形的对比效果如图 5-124 所示。

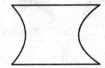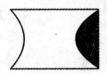

图 5-124　转换后变形的对比效果

## 5.5.3 扩展填充

使用扩展填充可以改变填充的大小范围，具体操作步骤如下：

1）选择舞台中的填充对象。

2）选择"修改"→"形状"→"扩展填充"命令，弹出"扩展填充"对话框，如图 5-125 所示。

3）在"距离"文本框中输入改变范围的尺寸。

4）在"方向"选项组中选择"扩展"或"插入"，其中，"扩展"表示扩大一个填充；"插入"表示缩小一个填充。

5）设置完毕后，单击"确定"按钮。转换前后的对比效果如图 5-126 所示。

原图　　　"距离"为10，"方向"为"扩展"　　　"距离"为10，"方向"为"插入"

图 5-125　"扩展填充"对话框　　　　　图 5-126　扩展填充前后的对比效果

### 5.5.4 柔化填充边缘

使用"柔化填充边缘"命令可以对对象的边缘进行模糊，如果图形边缘过于尖锐，可以使用该命令适当调整。具体操作步骤如下：

1）选择舞台中的填充对象。

2）选择"修改"→"形状"→"柔化填充边缘"命令，弹出"柔化填充边缘"对话框，如图 5-127 所示。

3）在"距离"文本框中输入柔化边缘的宽度。

4）在"步骤数"文本框中输入用于控制柔化边缘效果的曲线数值。

5）在"方向"选项组中选择"扩展"或"插入"，其中，"扩展"表示扩大一个填充；"插入"表示缩小一个填充。

6）设置完毕后，单击"确定"按钮。转换前后的对比效果如图 5-128 所示。

原图　　"扩展"选项效果　　"插入"选项效果

图 5-127　"柔化填充边缘"对话框　　　　图 5-128　柔化填充边缘前后的对比效果

## 5.6　辅助工具

辅助工具的作用是帮助用户更好的进行图形绘制。

### 5.6.1　手形工具

手形工具应用于许多的图像处理软件中，用于在画面内容超出显示范围时调整视窗，以方便在工作区中操作。使用手形工具的操作步骤如下：

1）选择工具箱中的手形工具。

2）此时，鼠标指针会显示为手形。

3）在工作区的任意位置按住鼠标左键拖曳，可以改变工作区的显示范围，如图 5-129 所示。

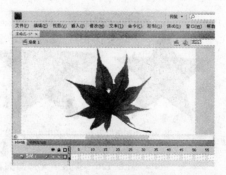

图 5-129　使用手形工具

4）也可以直接按〈空格〉键，快速地选择手形工具。

说明：手形工具和选择工具的移动是有区别的，选择工具移动对象改变了对象的位置，而手形工具移动的仅仅是工作区的显示范围。

### 5.6.2　缩放工具

缩放工具的作用是在绘制较大或较小的舞台内容时，对舞台的显示比例进行放大或缩小操作，以便于编辑。使用手形工具的操作步骤如下：

1）选择工具箱中的缩放工具。

2）在缩放工具的附加选项中选择"放大"或"缩小"，如图 5-130 所示。

3）也可以使用快捷键：〈Ctrl +〉放大，使用快捷键：〈Ctrl −〉缩小，如图 5-131 所示。

图 5-130　缩放工具的附加选项　　　　图 5-131　使用缩放工具改变舞台的显示比例

4）双击工具箱中的"放大镜"按钮，可以将舞台恢复至原来的尺寸。

说明：缩放工具并不能真正地放大或缩小对象，它更改的仅仅是工作区的显示比例。

## 5.7　习题

**1．选择题**

（1）如果一个对象是以 100%的大小显示在工作区中的，选择工具箱中的手形工具，在其上单击一下，则对象将以（　　）的比例显示在工作区中。

　　A．50%

　　B．100%

　　C．200%

　　D．400%

（2）关于位图图像的说法，错误的是（　　）。

　　A．位图图像是通过在网络中为不同位置的像素填充不同的颜色而产生的

　　B．创建图像的方式就像马赛克拼图一样

　　C．当用户编辑位图图像时，修改的是像素而不是直线和曲线

  D．位图图例和分辨率无关。

（3）关于矢量图形，下列说法正确的是（  ）。

  A．矢量图形只使用直线来描述图像

  B．矢量图形只使用曲线来描述图像

  C．矢量图形是使用直线和曲线来描述图像的

  D．以上说法都错

（4）在 Flash 中修改形状时，下面关于"将线条转换为填充"的说法错误的是（  ）。

  A．选定要转换的线条，不允许多选，只能单选

  B．此功能对于创建某些特殊效果（例如填充具有过渡颜色的线条）非常有效

  C．将线条转换为填充会使文件增大

  D．有可能加快某些动画的绘制过程

（5）对于分离后的位图图像，下列说法错误的是（  ）。

  A．图像可以使用 Flash 的绘图和填色工具进行修改

  B．使用套索工具和魔术棒工具不可以选择被分离的图像区域

  C．位图图像中的像素变成各个分散的区域

  D．使用滴管工具单击分离的位图图像之后，用户可以使用颜料桶工具将图像填充
到其他形状中

## 2．操作题

（1）使用 Flash CS4 的导入命令，向当前的影片文件内导入不同的图片、声音和视频。

（2）在舞台中导入一张自己的照片，并且把照片转换为矢量图，效果如图 5-132 所示。

图 5-132　习题效果图

（3）在舞台中输入自己的姓名，然后对文本的边缘进行柔化操作，效果如图 5-133 所示。

（4）在舞台中输入自己的姓名，然后使用工具箱中的任意变形工具对文本进行变形操作，得到鱼形文本效果，如图 5-134 所示。

**我的名字**

图 5-133　习题效果图          图 5-134　鱼形文本效果

# 第6章 Flash CS4 元件和库

**本章要点**
- Flash CS4 中的元件、实例和库
- Flash CS4 中的元件类型
- Flash CS4 中的元件创建
- Flash CS4 中的元件编辑

元件是 Flash 中非常重要的概念，元件使得 Flash 功能更加强大。在 Flash CS4 中，如果一个对象被频繁的使用，就可以将它转换为元件，这样可以有效地减小动画文件的大小。当前动画中的所有元件都保存在元件库中，元件库可以理解为一个仓库，用于专门存放动画中的素材。把元件从库面板中拖曳到舞台上，即可创建当前元件的实例，就好像孙悟空的分身一样，可以拖曳很多实例到舞台上，重复的应用。

## 6.1 元件

在日常生活中，通常所说的元件如电器元件等，有标准化、通用化的属性，可以在任何文章中进行引用，在 Flash 中的元件也有此特点。所谓元件就是在元件库中存放的各种图形、动画、按钮或者引入的声音和视频文件。

在 Flash CS4 中创建元件有很多好处，主要包括：
- 可以简化影片的编辑。在影片制作过程中，把多次重复使用的素材转换成元件，不仅可以反复调用，而且在修改元件的时候所有的实例都会随之更新，而不必逐一进行修改。
- 使用元件还可以大大减小文件的体积，因为反复调用相同的元件不会增加文件量。比如在制作下雪效果的时候，只需要制作一次雪花就可以了。
- 将多个分离的图形素材合并成一个元件后，需要的存储空间远远小于单独存储时占用的空间。

### 6.1.1 元件的类型

在 Flash CS4 中，元件一共有 3 种类型，分别是图形元件、按钮元件和影片剪辑元件。不同的元件类型适合不同的应用情况，在创建元件时首先要选择元件的类型。

#### 1. 图形元件
通常用于静态的图像或简单的动画，它可以是矢量图形、图像、动画或声音。图形元件的时间轴和影片场景的时间轴同步运行，交互函数和声音不会在图形元件的动画序列中起作用。

### 2．按钮元件

用户可以在影片中创建交互按钮，通过事件来激发它的动作。按钮元件有 4 种状态，即弹起、指针经过、按下和点击。每种状态都可以通过图形、元件及声音来定义。在创建按钮元件时，按钮的编辑区域会提供这 4 种状态帧。当用户创建了按钮之后，就可以给按钮实例分配动作了。

### 3．影片剪辑元件

影片剪辑元件支持 ActionScript 和声音，具有交互性，是用途和功能最多的元件。影片剪辑元件本身就是一段小动画，可以包含交互控制、声音以及其他影片剪辑的实例，也可以将它放置在按钮元件的时间轴内来制作动画按钮，但是，影片剪辑元件的时间不随创建的时间轴同步运行。

## 6.1.2　创建图形元件

在动画设计的过程中，有两种方法可以创建元件，一种是创建一个空白元件，然后在元件的编辑窗口中编辑元件；另一种是将当前工作区中的对象选中，然后将其转换为元件。

### 1．新建图形元件

创建一个空白图形元件的操作步骤如下：

1）新建一个 Flash 文件。

2）选择"插入"→"新建元件"（快捷键：〈Ctrl+F8〉）命令，弹出"创建新元件"对话框，如图 6-1 所示。

3）在弹出的对话框中输入新元件的名称，并且设置元件的类型为"图形"。

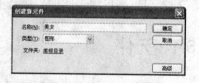

图 6-1　"创建新元件"对话框

4）如果要把生成的元件保存到库面板的不同目录中，可以单击"库根目录"超链接，选择现有的目录或者创建一个新的目录。

5）单击"确定"按钮，Flash CS4 会自动进入到当前按钮元件的编辑状态，用户可以在其中绘制图形、输入文本或者导入图像等，如图 6-2 所示。

6）元件创建完毕后，单击舞台左上角的场景名称，即可返回到场景的编辑状态。

7）在返回到场景的编辑状态后，选择"窗口"→"库"（快捷键：〈Ctrl+L〉）命令，可以在打开的库面板中找到刚刚制作的元件，如图 6-3 所示。

图 6-2　进入到元件的编辑状态

图 6-3　库面板中的图形元件

8）要将创建的元件应用到舞台中，只需从库面板中拖曳这个元件到舞台中即可，如图 6-4 所示。

图 6-4　把库面板中的图形元件拖曳到舞台中

## 2．转换为图形元件

将舞台中已经存在的对象转换为图形元件的操作步骤如下：

1）打开一个 Flash 文件。

2）在舞台中选择需要转换为元件的对象，如图 6-5 所示。

3）选择"修改"→"转换为元件"（快捷键：〈F8〉）命令，弹出"转换为元件"对话框，如图 6-6 所示。

图 6-5　选择舞台中的对象

图 6-6　"转换为元件"对话框

4）在对话框中输入新元件的名称，并且设置元件的类型为"图形"。

5）在"注册"选项中调整元件的注册中心点位置。

6）如果要把生成的元件保存到库面板的不同目录中，可以单击"库根目录"超链接，选择现有的目录或者创建一个新的目录。

7）单击"确定"按钮，即可完成元件的转换操作。

8）选择"窗口"→"库"（快捷键：〈Ctrl+L〉），打开库面板，可以从中找到刚刚转换的元件，如图 6-7 所示。

9）和新建的图形元件不同的是，转换后的元件实例已经在舞台中存在了，如果需要继续在舞台中添加元件的实例，可以从库面板中拖曳这个元件到舞台，如图6-8所示。

图6-7  库面板中的图形元件          图6-8  把库面板中的图形元件拖曳到舞台中

### 6.1.3  创建按钮元件

按钮元件是 Flash CS4 中的一种特殊元件，按钮元件不同于图形元件，因为按钮元件在影片的播放过程中，是默认静止播放的，并且按钮元件可以响应鼠标的移动或单击操作激发相应的动作。

**1. 新建按钮元件**

创建一个空白按钮元件的操作步骤如下：

1）新建一个 Flash 文件。

2）选择"插入"→"新建元件"（快捷键：〈Ctrl+F8〉）命令，弹出"创建新元件"对话框，如图6-9所示。

3）在对话框中输入新元件的名称，并且设置元件的类型为"按钮"。

4）单击"确定"按钮，Flash CS4 会自动进入到当前按钮元件的编辑状态，用户可以在其中绘制图形、输入文本或者导入图像等，如图6-10所示。

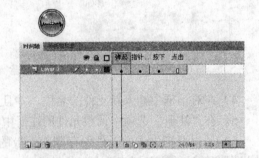

图6-9  "创建新元件"对话框          图6-10  进入到按钮元件的编辑状态

5）元件创建完毕后，单击舞台左上角的场景名称，即可返回到场景的编辑状态。

6）在返回到场景的编辑状态后，选择"窗口"→"库"（快捷键：〈Ctrl+L〉）命令，可以在打开的库面板中找到刚刚制作的元件，如图 6-11 所示。

7）要将创建的元件应用到舞台中，只需从库面板中拖曳这个元件到舞台中即可，如图 6-12 所示。

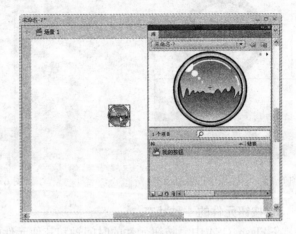

图 6-11　库面板中的按钮元件　　　　图 6-12　把库面板中的按钮元件拖曳到舞台中

## 2．转换为按钮元件

将舞台中已经存在的对象转换为按钮元件的操作步骤如下：

1）打开一个 Flash 文件。

2）在舞台中选择需要转换为按钮元件的对象，如图 6-13 所示。

3）选择"修改"→"转换为元件"（快捷键：〈F8〉）命令，弹出"转换为元件"对话框，如图 6-14 所示。

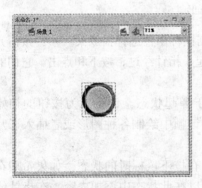

图 6-13　选择舞台中的对象　　　　　图 6-14　"转换为元件"对话框

4）在对话框中输入新元件的名称，并且设置元件的类型为"按钮"。

5）在"注册"选项中调整元件的注册中心点位置。

6）单击"确定"按钮，即可完成元件的转换操作。

7）选择"窗口"→"库"（快捷键：〈Ctrl+L〉）命令，可以打开库面板，找到刚刚转换的元件，如图 6-15 所示。

8）要将创建的元件应用到舞台中，只需从库面板中拖曳这个元件到舞台中即可，如图 6-16 所示。

图 6-15　库面板中的按钮元件

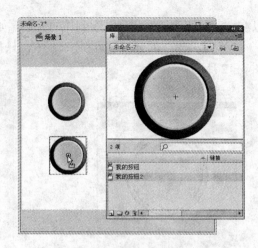

图 6-16　把库面板中的按钮元件拖曳到舞台中

### 3．按钮元件的 4 种状态

在 Flash CS4 中，按钮元件的时间轴和其他元件的不一样。它共有 4 种状态，并且每种状态都有特定的名称与之对应，可以在时间轴中进行定义，如图 6-17 所示。

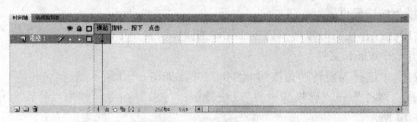

图 6-17　按钮元件的时间轴

按钮元件的时间轴并不会随着时间播放，而是根据鼠标事件选择播放某一帧。按钮元件的 4 个帧分别响应 4 种不同的按钮事件，分别为：弹起、指针经过、按下和点击。它们的意义如下。

- 弹起：当鼠标指针不接触按钮时，该按钮处于弹起状态。该状态为按钮的初始状态，其中包括一个默认的关键帧，用户可以在该帧中绘制各种图形或者插入影片剪辑元件。
- 指针经过：当鼠标移动到该按钮的上面，但没有按下鼠标时的状态。如果希望在鼠标移动到该按钮上时能够出现一些内容，则可以在此状态中添加内容。在指针经过帧中也可以绘制图形，或放置影片剪辑元件。
- 按下：当鼠标移动到按钮上面并且按下了鼠标左键时的状态。如果希望在按钮按下时同样发生变化，也可以绘制图形或是放置影片剪辑元件。
- 点击：点击帧定义了鼠标单击的有效区域。在 Flash CS4 的按钮元件中，这一帧尤为重要，例如在制作隐藏按钮的时候，就需要专门使用按钮元件的点击帧来制作。

## 6.1.4　案例上机操作：Apple 按钮的制作

Apple 按钮的水晶效果在 Mac 系统里比较常见，在设计作品中，水晶效果能够给人一种非常时尚的感觉。水晶按钮之所以会有立体感，主要是因为使用了渐变色的缘故，如图 6-18 所示为几款水晶按钮效果。同样，按钮效果在 Flash CS4 中只需要制作成元件，即可反复的调用。

1）新建一个 Flash 文件（ActionScript 3.0 或 ActionScript 2.0）。

2）选择"插入"→"新建元件"（快捷键：〈Ctrl+F8〉）命令，弹出"创建新元件"对话框，如图 6-19 所示。

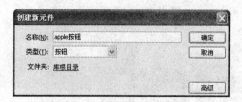

图 6-18　水晶按钮效果　　　　　　　　　　图 6-19　"创建新元件"对话框

3）在对话框中输入新元件的名称，并且设置元件的类型为"按钮"。

4）单击"确定"按钮，进入到影片剪辑元件的编辑状态，如图 6-20 所示。

5）选择工具箱中的基本矩形工具，在时间轴的"弹起"帧所对应的舞台中绘制一个矩形，如图 6-21 所示。

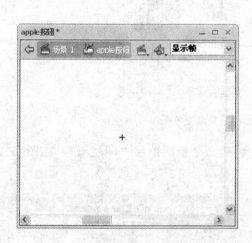

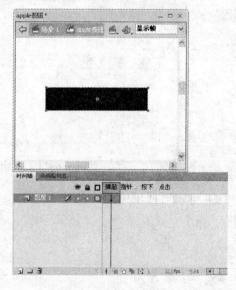

图 6-20　进入到按钮元件的编辑状态　　　　图 6-21　在舞台中绘制一个矩形

6）在属性面板中设置矩形的边角半径为"10"，即可得到一个圆角矩形，如图 6-22 所示。

7）选择圆角矩形，在属性面板中设置笔触颜色为"无"，填充颜色为"白色到黑色的线性渐变色"，如图 6-23 所示。

8）打开颜色面板，把线性渐变色由白到黑调整为白到浅灰，如图 6-24 所示。

9）选择工具箱中的渐变变形工具，把线性渐变的方向由从左到右调整为从上到下，如图 6-25 所示。

图 6-22　设置矩形的边角半径

图 6-23　设置圆角矩形的属性

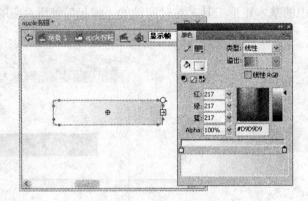

图 6-24　使用颜色面板调整渐变色

10）单击时间轴中的"新建图层"按钮，创建一个新的图层"图层 2"，如图 6-26
所示。

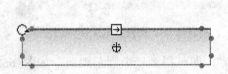

图 6-25　使用渐变变形工具调整渐变色方向

图 6-26　创建"图层 2"

11）把所绘制的圆角矩形复制到"图层 2"中，并且调整到相同的位置，如图 6-27 所示。

12）单击"图层 2"中的"显示/隐藏所有图层"按钮，隐藏"图层 2"，以便于编辑
"图层 1"中的圆角矩形，如图 6-28 所示。

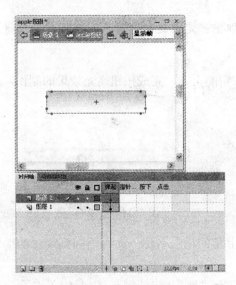

图 6-27 把圆角矩形复制到"图层 2"中

图 6-28 隐藏"图层 2"

13）选中"图层 1"中的圆角矩形，选择"修改"→"变形"→"垂直翻转"命令，改变圆角矩形的渐变方向，如图 6-29 所示。

14）选中"图层 1"中的圆角矩形，选择"修改"→"形状"→"柔化填充边缘"命令，弹出"柔化填充边缘"对话框，如图 6-30 所示。

图 6-29 把"图层 1"中的圆角矩形垂直翻转

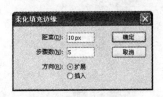

图 6-30 "柔化填充边缘"对话框

15）为了使"图层 1"中的圆角矩形边缘模糊，在"距离"文本框中设置柔化范围为"10"；在"步骤数"文本框中设置柔化步骤为"5"；在"方向"选项组中设置柔化方向为"扩展"，得到如图 6-31 所示的效果。

16）再次单击"图层 2"中的"显示/隐藏所有图层"按钮，把隐藏的"图层 2"显示出来，按钮效果如图 6-32 所示。

图 6-31 柔化填充边缘后的效果

图 6-32 按钮效果

17）下面制作按钮的高光效果，目的是为了让立体水晶的效果更加明显。使用同样的操作，把"图层 1"隐藏起来。

18）使用工具箱中的选择工具，在舞台中拖曳选取"图层 2"圆角矩形的下半部分，并且复制，如图 6-33 所示。

提示：如果使用了"对象绘制"模式，在选取前一定要进行"分离"操作，否则将无法选取。

19）把复制得到的区域垂直翻转，并放置到按钮的上方，完成按钮高光效果的制作，如图 6-34 所示。

图 6-33　选择"图层 2"中圆角矩形的一部分区域

图 6-34　按钮的高光效果

20）至此，按钮元件创建完毕。单击舞台左上角的场景名称，即可返回到场景的编辑状态。

21）返回到场景的编辑状态后，选择"窗口"→"库"（快捷键：〈Ctrl+L〉）命令，在打开的库面板中即可找到所制作的元件，如图 6-35 所示。

22）从库面板中拖曳元件到舞台中，即可创建按钮的实例，并且可以拖曳多个，如图 6-36 所示。

图 6-35　库面板中的按钮元件

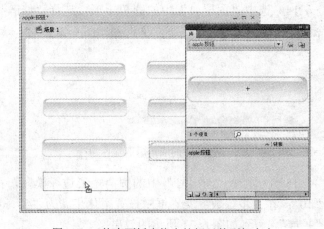

图 6-36　从库面板中拖曳按钮元件到舞台中

23）选择舞台中的按钮元件实例，在属性面板的"样式"下拉列表中选择"高级"选项。

24）在相应的"高级效果"设置区中分别设置每个按钮的红、绿、蓝颜色值，从而制作出五颜六色的水晶按钮效果。

25）至此完成整个水晶按钮的制作过程。选择"文件"→"保存"（快捷键：〈Ctrl+S〉）命令，把所制作的按钮效果保存。

26）选择"控制"→"测试影片"（快捷键：〈Ctrl+Enter〉）命令，在 Flash 播放器中预览按钮效果，如图 6-18 所示。

### 6.1.5　案例上机操作：交互按钮的制作

在 Flash 中可以结合函数制作交互动画，但是很多时候，不需要函数同样可以实现交互效果。下面是在 Flash 中制作的跟随鼠标的边框按钮，当把鼠标指针移动到图形的不同区域时，按钮的边框会随之发生改变，如图 6-37 所示。

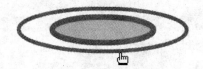

图 6-37　交互按钮效果

要实现按钮边框随鼠标移动的效果，可以在舞台中放置多个按钮，这些按钮的效果都是相同的，只是尺寸不一样。用户可以把按钮制作在元件内，从而快速地生成动画。

1）新建一个 Flash 文件。

2）选择"插入"→"新建元件"（快捷键：〈Ctrl+F8〉）命令，弹出"创建新元件"对话框，如图 6-38 所示。

3）在对话框中输入新元件的名称，并且设置元件的类型为"按钮"。

4）单击"确定"按钮后，会进入到影片剪辑元件的编辑状态，如图 6-39 所示。

图 6-38　"创建新元件"对话框

图 6-39　进入到按钮元件的编辑状态

5）在按钮元件的编辑状态中，选择时间轴的"指针经过"状态，按〈F6〉键，插入关键帧，如图 6-40 所示。

6）选择工具箱中的椭圆工具，在属性面板中设置笔触颜色为"绿色"，笔触高度为"8"，填充颜色为"无"，如图 6-41 所示。

图 6-40　在按钮元件的"指针经过"状态插入关键帧

图 6-41　椭圆工具的属性设置

7）在按钮元件的"指针经过"帧中绘制一个椭圆，如图6-42所示。

8）选择时间轴的"点击"状态，按〈F6〉键，插入关键帧，如图6-43所示。

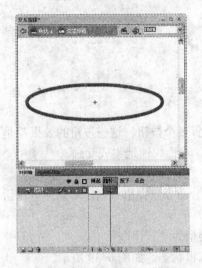

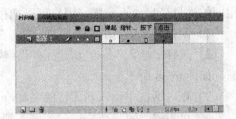

图6-42　在舞台中绘制一个椭圆　　　　　　　　图6-43　在"点击"状态插入关键帧

9）单击舞台左上角的场景名称，返回到场景的编辑状态。

10）返回到场景的编辑状态后，选择"窗口"→"库"（快捷键：〈Ctrl+L〉）命令，在打开的库面板中即可找到所制作的按钮元件，如图6-44所示。

11）把库面板中的按钮元件拖曳到舞台的中心，如图6-45所示。

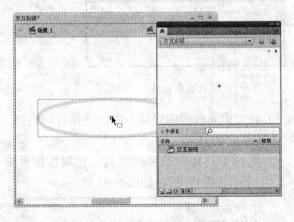

图6-44　库面板中的按钮元件　　　　　　图6-45　把按钮元件从库面板中拖曳到舞台的中心

说明：因为在按钮元件的"弹起"状态并没有制作任何的内容，所以在舞台中的按钮元件一开始是不可见的。

12）选择"窗口"→"变形"（快捷键：〈Ctrl+T〉）命令，打开对齐面板。

13）单击"重制选区和变形"按钮，把按钮以95%的比例缩小并复制，得到的效果如图6-46所示。

14）选择工具箱中的椭圆工具，根据缩小后最小椭圆的尺寸，绘制一个椭圆，并放置到按钮元件的正中心，如图 6-47 所示。

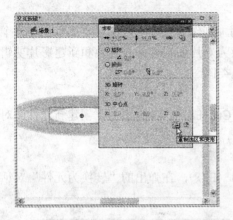

图 6-46　使用对齐面板复制并缩小椭圆按钮　　　　图 6-47　在按钮的中心绘制一个新的椭圆

15）选择"修改"→"转换为元件"（快捷键：〈F8〉）命令，把新椭圆转换为按钮元件。

16）在该按钮元件上快速双击，进入到按钮元件的编辑状态，如图 6-48 所示。

17）在按钮元件的"指针经过"状态按〈F6〉键，插入关键帧。

18）把"指针经过"状态中椭圆的颜色适当更改，如图 6-49 所示。

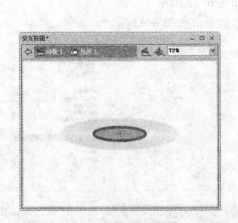

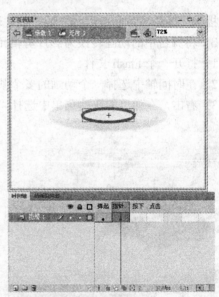

图 6-48　进入到按钮元件的编辑状态　　　　图 6-49　更改指针经过状态中椭圆的颜色

19）单击舞台左上角的场景名称，返回到场景的编辑状态。

20）至此完成整个动画的制作过程。选择"文件"→"保存"（快捷键：〈Ctrl+S〉）命令，把所制作的按钮效果保存。

21）选择"控制"→"测试影片"（快捷键：〈Ctrl+Enter〉）命令，在 Flash 播放器中预览按钮效果，如图 6-37 所示。

### 6.1.6  创建影片剪辑元件

影片剪辑元件是一个极为重要的元件类型，在动画制作的过程中，如果要重复使用一个已经创建的动画片段，最好的办法就是将该动画转换为影片剪辑元件。转换和新建影片剪辑元件的方法和图形元件的几乎一样，编辑的方式也很类似。

**1．新建影片剪辑元件**

选择"插入"→"新建元件"命令（快捷键为〈Ctrl+F8〉），在弹出的"创建新元件"对话框中进行相关设置即可，如图 6-50 所示。

**2．将舞台中的对象转换为影片剪辑元件**

选择"修改"→"转换为元件"命令（快捷键为〈F8〉），在弹出的"转换为元件"对话框中进行相关设置即可，如图 6-51 所示。

图 6-50  "创建新元件"对话框　　　　　　图 6-51  "转换为元件"对话框

提示：其他操作和图形元件的一样，这里就不再赘述。

**3．将舞台中的动画转换为影片剪辑元件**

1）打开一个 Flash 文件。

2）在时间轴中选择一个动画的多个帧序列，如图 6-52 所示。

3）右击，在弹出的快捷菜单中选择"复制帧"命令，如图 6-53 所示。

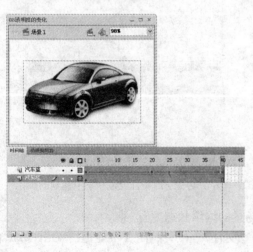 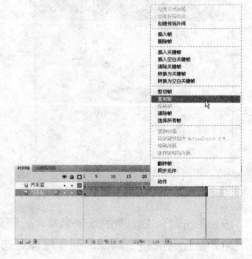

图 6-52  选择动画的多个帧序列　　　　　图 6-53  选择"复制帧"命令

4）选择"插入"→"新建元件"命令（快捷键为〈Ctrl+F8〉），弹出"创建新元件"对话框，如图 6-54 所示。

5）在对话框中输入新元件的名称，并且设置元件的类型为"影片剪辑"。

6）单击"确定"按钮，进入影片剪辑元件的编辑状态，如图6-55所示。

图6-54 "创建新元件"对话框

图6-55 进入到影片剪辑元件的编辑状态

7）右击时间轴的第一帧，在弹出的快捷菜单中选择"粘贴帧"命令，如图6-56所示。

8）这样，即可把舞台中的动画粘贴到影片剪辑元件内，如图6-57所示。

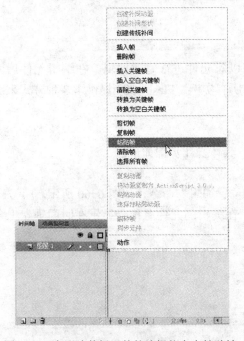

图6-56 在影片剪辑元件的编辑状态中粘贴帧

图6-57 把舞台中的动画粘贴到影片剪辑元件中

9）在按钮元件创建完毕后，单击舞台左上角的场景名称，即可返回到场景的编辑状态。

10）返回到场景的编辑状态后，选择"窗口"→"库"命令（快捷键为〈Ctrl+L〉），在打开的库面板中即可找到所制作的影片剪辑元件，如图6-58所示。

11）新建图层，将创建好的元件应用到舞台中，直接从库面板中拖曳该元件到舞台中即可，如图6-59所示。

**提示：** 把舞台中的动画转换为影片剪辑元件，实际上就是把舞台中的动画复制到影片剪辑元件中，在复制动画时复制的是整个动画的帧序列，而不是单个帧中的对象。

图 6-58　库面板中的按钮元件

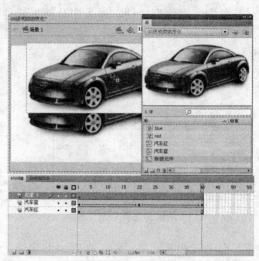

图 6.59　把库面板中的影片剪辑元件拖曳到舞台中

### 6.1.7　编辑元件

当元件创建完成后，如果对效果不满意，可以对元件进行修改编辑。在编辑元件后，Flash CS4 会自动更新当前影片中应用了该元件的所有实例。Flash CS4 提供了 3 种方式来编辑所创建的元件，下面分别进行介绍。

#### 1. 在当前位置编辑元件

用户可以在当前的影片文档中直接编辑元件，具体操作步骤如下：

1）在舞台中选择一个需要编辑的元件实例。

2）右击，在弹出的快捷菜单中选择"在当前位置编辑"命令，如图 6-60 所示。

3）这时，其他对象将以灰色的方式显示，正在编辑的元件名称会显示在时间轴左上角的信息栏中，如图 6-61 所示。

图 6-60　选择"在当前位置编辑"命令

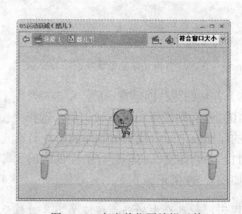

图 6-61　在当前位置编辑元件

4）也可以直接双击元件的实例，执行"在当前位置编辑"命令。

5）在元件编辑完毕后，单击舞台左上角的场景名称，即可返回到场景的编辑状态。

**2．在新窗口中编辑元件**

用户也可以在新的窗口对元件进行编辑，具体操作步骤如下：

1）在舞台中选择一个需要编辑的元件实例。

2）右击，在弹出的快捷菜单中选择"在新窗口中编辑"命令，如图 6-62 所示。

3）进入到单独元件的编辑窗口，显示其对应的时间轴，此时，正在编辑的元件名称会显示在窗口上方的选项卡中，如图 6-63 所示。

图 6-62　选择"在新窗口中编辑"命令

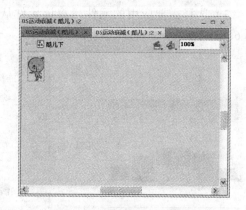

图 6-63　在新窗口中编辑元件

4）也可以直接在库面板中的元件上双击，执行"在新窗口中编辑"命令。

5）在元件编辑完毕后，单击舞台左上角的场景名称，即可返回到场景的编辑状态。

**3．使用编辑模式编辑元件**

使用编辑模式编辑元件的方法如下：

1）在舞台中选择一个需要编辑的元件实例。

2）右击，在弹出的快捷菜单中选择"编辑"命令，如图 6-64 所示。

**提示：** 其余的操作步骤和"在新窗口中编辑"的相同，这里就不再赘述。

3）在元件编辑完毕后，单击舞台左上角的场景名称，即可返回到场景的编辑状态。

图 6-64　选择"编辑"命令

## 6.2 元件的实例

元件一旦创建完成，在影片中的任何位置，甚至包括在其他元件中，都可以创建元件的实例。用户可以对这些实例进行编辑，改变它们的颜色或者放大缩小它们。但这些变化只能存在于实例上，而不会对原始的元件产生任何影响。

### 6.2.1 创建元件的实例

创建元件实例的具体操作步骤如下：

1）在当前场景中选择放置实例的图层（Flash 只能够把实例放在当前层的关键帧中）。

2）选择"窗口"→"库"命令（快捷键为〈Ctrl+L〉），在打开的库面板中显示所有的元件，如图 6-65 所示。

3）选择需要应用的元件，将该元件从库面板中拖曳到舞台上，创建元件的实例，如图 6-66 所示。

图 6-65 打开当前影片的库

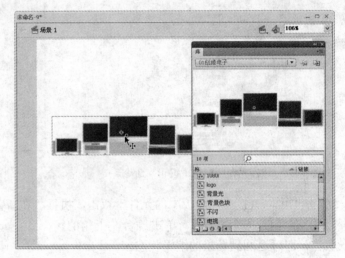

图 6-66 把库中的元件拖曳到舞台上

说明：实例创建完成后，就可以对实例进行修改了。Flash CS4 只将修改的步骤和参数等数据记录到动画文件中，而不会像存储元件一样将每个实例都存储下来。因此 Flash 动画的体积都很小，非常适合于在网上传输和播放。

### 6.2.2 修改元件的实例

实例创建完成后，可以随时修改元件实例的属性，这些修改设置都可以在属性面板中完成。并且不同类型的元件属性设置会有所不同。要对实例的属性进行设置，首先要选择舞台中的一个实例。

#### 1. 修改图形元件实例

修改图形元件实例的具体操作步骤如下：

1）在舞台中选择一个图形元件的实例。

2）选择"窗口"→"属性"命令（快捷键为〈Ctrl+F3〉），打开 Flash CS4 的属性面板，如图 6-67 所示。

3）单击"交换"按钮，弹出"交换元件"对话框，可以把当前的实例更改为其他元件的实例，如图 6-68 所示。

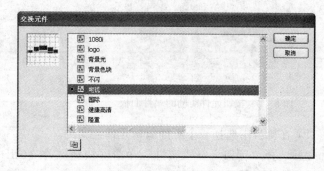

图 6-67　图形元件实例的属性面板　　　　　　　图 6-68　"交换元件"对话框

4）在"选项"下拉列表中设置图形元件的播放方式，如图 6-69 所示。

● 循环：表示重复播放。

● 播放一次：表示只播放一次。

● 单帧：表示只显示第一帧。

5）在"第一帧"文本框中输入帧数，指定动画从哪一帧开始播放。

6）在"样式"下拉列表中设置图形元件的颜色属性。

### 2．修改按钮元件实例

修改按钮元件实例的具体操作步骤如下：

1）在舞台中选择一个按钮元件的实例。

2）选择"窗口"→"属性"命令（快捷键为〈Ctrl+F3〉），打开 Flash CS4 的属性面板，如图 6-70 所示。

3）在"实例名称"文本框中对按钮元件的实例进行变量的命名操作。

图 6-69　"选项"下拉列表

4）单击"交换"按钮，弹出"交换元件"对话框，可以把当前的实例更改为其他元件的实例。

5）在"样式"下拉列表中设置按钮元件的颜色属性，如图 6-71 所示。

6）在"混合"下拉列表中设置按钮元件的混合模式。

### 3．修改影片剪辑元件实例

修改影片剪辑元件实例的具体操作步骤如下：

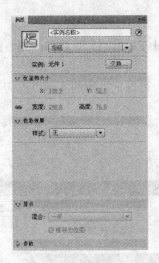

图 6-70 按钮元件实例的属性面板　　　　　　　　图 6-71 设置颜色属性

1）在舞台中选择一个影片剪辑元件的实例。

2）选择"窗口"→"属性"命令（快捷键为〈Ctrl+F3〉），打开 Flash CS4 的属性面板，如图 6-72 所示。

图 6-72 影片剪辑元件实例的属性面板

3）在"实例名称"文本框中对影片剪辑元件的实例进行变量的命名操作。

4）单击"交换"按钮，弹出"交换元件"对话框，可以把当前的实例更改为其他元件的实例。

5）在"样式"下拉列表中设置按钮元件的颜色属性。

6）在"混合"下拉列表中设置按钮元件的混合模式。

7）在"滤镜"选项区中添加滤镜。

### 6.2.3 实例的颜色设置

通过在属性面板的"样式"下拉列表中进行设置，可以改变元件实例的颜色效果，从而快速创建丰富多彩的动画效果。"样式"下拉列表中的各个选项含义如下：

- 亮度：更改实例的明暗程度。在"亮度"文本框中可以输入不同程度的亮度值，如图 6-73 所示。
- 色调：更改实例的颜色，如图 6-74 所示。

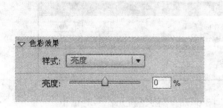

图 6-73　亮度设置

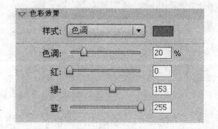

图 6-74　色调设置

- Alpha（透明度）：更改实例的透明程度。在"Alpha"文本框中可以输入不同程度的透明度值，如图 6-75 所示。
- 高级：更改实例的整体色调。可以通过调整红、绿、蓝的颜色值调整实例的整体色调，也可以通过设置透明度效果进行调整，如图 6-76 所示。

图 6-75　透明度设置

图 6-76　高级设置

**提示**：样式设置只对元件的实例有效，而普通的图形是不能够设置样式的。

## 6.3　元件库

Flash CS4 的元件都存储在库面板中，用户可以在库面板中对元件进行编辑和管理，也可以直接从库面板中拖曳元件到场景中，制作动画。

### 6.3.1 元件库的基本操作

下面通过一个简单的案例来说明库面板的操作，具体步骤如下：

1）新建一个 Flash 文件。

2）选择"窗口"→"库"命令（快捷键为〈Ctrl+L〉），打开库面板，其中是没有任何元件的，如图 6-77 所示。

3）单击"新建元件" 按钮，弹出"创建新元件"对话框，如图 6-78 所示。

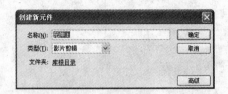

图 6-77　空白的库面板　　　　　　　　　　　　图 6-78　"创建新元件"对话框

4）在对话框中输入元件的名称并且选择元件的类型，创建新元件。在这里创建了图形元件、按钮元件和影片剪辑元件，如图 6-79 所示。

5）单击库面板中的"新建文件夹" 按钮，可以在库面板中创建不同的文件夹，以便于元件的分类管理，如图 6-80 所示。

图 6-79　库面板中不同类型的元件　　　　　　　图 6-80　新建库文件夹

6）选择库面板中的 3 个元件，将它们拖曳到库文件夹中，如图 6-81 所示。

7）选择库中的一个元件，单击"属性" 按钮，弹出"元件属性"对话框，在其中可以更改元件的名称和类型，如图 6-82 所示。

8）单击"删除" 按钮，可以直接删除库中的元件。

**说明：**要对库面板中的元件重新命名，可以在库面板中的元件名称上快速双击，然后进行更改。

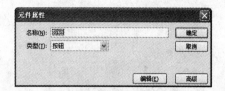

图 6-81  将元件拖曳到库文件夹中 　　　　　　　　　　图 6-82  "元件属性"对话框

9）在库面板中可以详细显示各个元件实例的属性，如图 6-83 所示。

10）单击库面板右上角的小三角按钮，会打开如图 6-84 所示的选项菜单，在其中可以对库中的元件进行更加详细的管理。

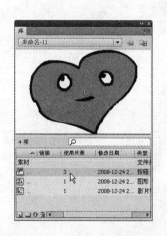

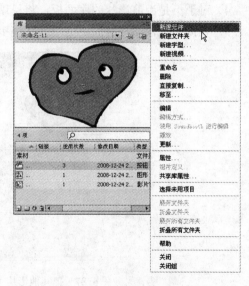

图 6-83  元件实例的属性设置 　　　　　　　　　　图 6-84  库面板的选项菜单

## 6.3.2  调用其他动画的库

在 Flash CS4 的动画制作中，可以调用其他影片文件中的元件，这样，同样的素材就不需要制作多次了，从而可以大大加快动画的制作效率。下面通过一个简单的案例来说明，具体操作步骤如下：

1）新建一个 Flash 文件。

2）选择"窗口"→"库"命令（快捷键为〈Ctrl+L〉），打开库面板，其中是没有任何元件的，如图 6-85 所示。

3）选择"文件"→"导入"→"打开外部库"命令（快捷键为〈Ctrl+Shift+O〉），打开另外一个影片的库面板，如图 6-86 所示。

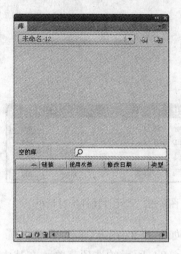

图 6-85　空白的库面板

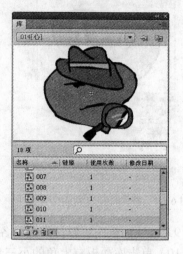

图 6-86　其他影片的库面板

4）对于不是当前影片的库面板，将呈现为灰色。

5. 直接把其他影片库面板中的元件拖曳到当前影片中即可，如图 6-87 所示。

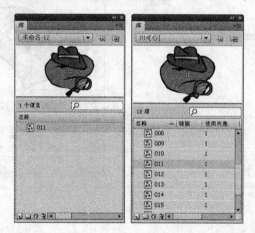

图 6-87　把其他影片中的元件拖曳到当前影片中

6）所拖曳的元件会自动添加到当前的元件库中。

### 6.3.3　公用库

Flash CS4 自带了很多元件，分别存放在 3 个不同的库中，用户可以直接使用。选择"窗口"→"公用库"命令，可以打开 Flash CS4 所提供的公用库，其中包含"按钮"、"类"和"声音"3 个子库，如图 6-88 所示。

提示：公用库的使用方式和普通库的使用方式没有任何区别，这里就不在赘述。

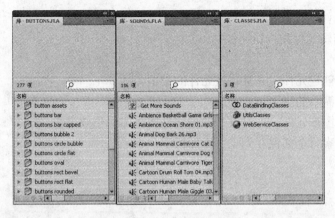

图 6-88  Flash CS4 的公用库

# 6.4  习题

## 1. 选择题

（1）（    ）不能用来区别舞台上的实例。

    A. 元件实例属性面板

    B. 对齐面板

    C. 信息面板

    D. 电影资源管理器

（2）关于按钮元件点击状态的叙述，下列说法错误的是（    ）。

    A. 点击状态定义了按钮响应鼠标单击的区域

    B. 点击状态位于按钮元件的第 4 帧

    C. 点击状态的内容在舞台上是不可见的

    D. 如果不指定点击状态，按下状态中的对象将被作为点击状态

（3）关于元件实例的叙述，下列说法错误的是（    ）。

    A. 电影中的所有地方都可以使用由元件派生的实例，包括该元件本身

    B. 修改众多元件实例中的一个，将不会对其他的实例产生影响

    C. 如果用户修改元件，则所有该元件的实例都将立即更新

    D. 创建元件之后，用户就可以使用元件的实例

（4）关于元件的叙述，下列说法正确的是（    ）。

    A. 只有图形对象或声音可以转换为元件

    B. 元件里面可以包含任何东西，甚至包括它自己的实例

    C. 元件的实例不能再次转换成元件

    D. 以上均错

（5）如果要创建一个动态按钮，至少需要（    ）。

    A. 影片剪辑元件

    B. 按钮元件

C．图形元件和按钮元件

D．影片剪辑元件和按钮元件

## 2．操作题

（1）在影片中创建元件，并且转换元件的类型。

（2）制作一个简单的文字按钮。

（3）创建一个图形元件，并且改变图形元件实例的颜色效果。

（4）把常用的素材全部保存到一个库面板中。

# 第 7 章　Flash CS4 特效应用

**本章要点**
- Flash CS4 中的滤镜效果
- Flash CS4 中的混合模式
- Flash CS4 中的时间轴特效

在 Flash CS4 中，新增了很多图形和动画的设置功能，通过使用这些功能，用户可以在 Flash 中轻松并且快速地创建各种动画效果，这些功能都是以往 Flash 版本所不具备的。

## 7.1　滤镜效果的添加

Flash CS4 中新增加了滤镜，使用过 Photoshop 或者 Fireworks 的用户，对滤镜应该不会陌生，滤镜其实就是软件所提供的一些特殊效果，通过设置这些效果，可以方便、快捷的得到不同的图形特效。Flash CS4 共提供了 7 种不同的特效供用户使用。在 Flash CS4 中使用滤镜的操作步骤如下：

1）在工作区中选择需要添加滤镜的对象。

2）选择"窗口"→"属性"→"滤镜"命令，打开滤镜面板，如图 7-1 所示。

3）单击 █ 按钮，打开滤镜面板的选项菜单，根据需要，选择相应的滤镜命令，如图 7-2 所示。

图 7-1　滤镜面板　　　　　　　　　　图 7-2　滤镜面板的选项菜单

4）对同一个对象可以添加多个滤镜效果，如图 7-3 所示。

5）对于多个滤镜命令，可以使用鼠标在滤镜列表框中拖曳，以改变滤镜的排列顺序，如图 7-4 所示。

6）如果要保存组合在一起的滤镜效果，可以选择"预设"→"另存为"命令，将效果保存起来，以便于直接应用到其他的对象中。当要为动画中的多个对象应用同样的滤镜效果组合时，使用此命令可以大大提高工作效率。

7）对于添加错误的滤镜效果，可以单击 🗑 按钮删除。

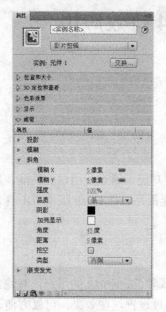

图 7-3　滤镜面板

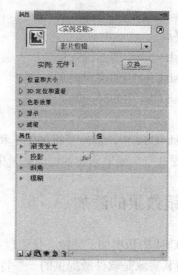

图 7-4　改变滤镜的排列顺序

提示：Flash CS4 中的滤镜只能够添加到文本、按钮元件和影片剪辑元件上。当场景中的对象不适合应用滤镜效果时，滤镜面板中的加号按钮会处于灰色的不可用状态。

### 7.1.1　投影

投影滤镜的效果类似于 Fireworks 中的投影效果，它包括的参数有模糊、强度、品质、颜色、角度、距离、挖空、内侧阴影和隐藏对象等，如图 7-5 所示。

对其中各个参数说明如下。

- 模糊：设置投影的模糊程度，可分别对 X 轴和 Y 轴两个方向设置，取值范围为 0～255 像素。如果单击 X 和 Y 后的链接按钮，可以取消 X、Y 方向上的链接，再次单击可以重新链接。

- 强度：设置投影的强烈程度。取值范围为 0%～25500%，数值越大，投影的显示越清晰强烈。

- 品质：设置投影的品质高低。有"高"、"中"、"低" 3 个选项，品质越高，投影越清晰。

- 角度：设置投影的角度，取值范围为 0°～360°。

- 距离：设置投影的距离大小，取值范围为-255～255 像素。

- 挖空：表示在将投影作为背景的基础上，挖空对象的显示。

图 7-5　投影滤镜的属性设置

- 内阴影：设置阴影的生成方向指向对象内侧。
- 隐藏对象：只显示投影而不显示原来的对象。
- 颜色：设置投影的颜色。单击"颜色"按钮，可以打开调色板选择颜色。

给文本添加投影滤镜，效果如图 7-6 所示。

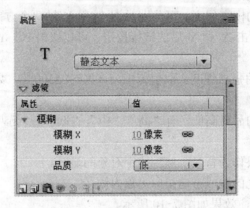

图 7-6　文本添加投影滤镜后的效果

### 7.1.2　模糊

模糊滤镜的参数比较少，主要有模糊和品质两个参数，如图 7-7 所示。

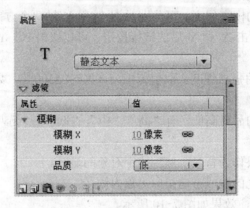

图 7-7　模糊滤镜的属性设置

对其中各个参数说明如下。
- 模糊：设置模糊程度，可分别对 X 轴和 Y 轴两个方向设置，取值范围为 0～255 像素。如果单击 X 和 Y 后的链接按钮，可以取消 X、Y 方向上的链接，再次单击可以重新链接。
- 品质：设置模糊的品质高低。有"高"、"中"、"低" 3 个选项，品质越高，模糊效果越明显。

给文本添加模糊滤镜，效果如图 7-8 所示。

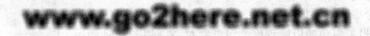

图 7-8　文本添加模糊滤镜后的效果

### 7.1.3　发光

发光滤镜的效果类似于 Photoshop 中的发光效果，它包括的参数有模糊、强度、品质、颜色、挖空和内发光等，如图 7-9 所示。

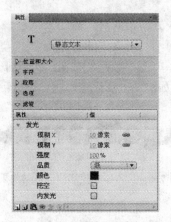

图 7-9　发光滤镜的属性设置

对其中各个选项说明如下。

- 模糊：设置发光的模糊程度，可分别对 X 轴和 Y 轴两个方向设置，取值范围为 0～255 像素。如果单击 X 和 Y 后的链接按钮，可以取消 X、Y 方向上的链接，再次单击可以重新链接。
- 强度：设置发光的强烈程度。取值范围为 0%～25500%，数值越大，发光的显示越清晰强烈。
- 品质：设置发光的品质高低。有"高"、"中"、"低" 3 个选项，品质越高，发光越清晰。
- 挖空：将发光效果作为背景，然后挖空对象的显示。
- 内发光：设置发光的生成方向指向对象内侧。

给文本添加发光滤镜，效果如图 7-10 所示。

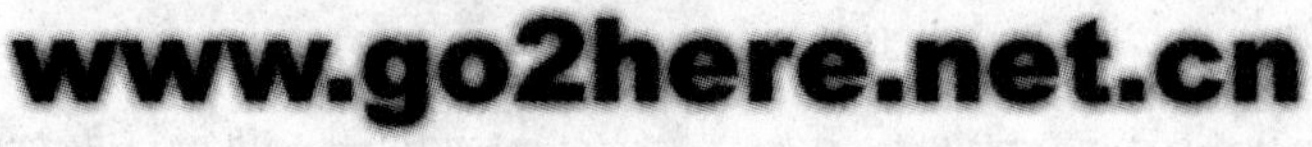

## www.go2here.net.cn

图 7-10　文本添加发光滤镜后的效果

### 7.1.4　斜角

使用斜角滤镜可以制作立体的浮雕效果，它包括的参数有模糊，强度，品质，阴影，加亮显示，角度，距离，挖空和类型等，如图 7-11 所示。

对其中各个参数说明如下。

- 模糊：设置斜角的模糊程度，可分别对 X 轴和 Y 轴两个方向设置，取值范围为 0～255 像素。如果单击 X 和 Y 后的链接按钮，可以取消 X、Y 方向上的链接，再次单击可以重新链接。
- 强度：设置斜角的强烈程度。取值范围为 0%～25500%，数值越大，斜角的效果越明显。
- 品质：设置斜角倾斜的品质高低。有"高"、"中"、

图 7-11　斜角滤镜的属性设置

"低" 3 个选项，品质越高，斜角效果越明显。

- 阴影：设置斜角的阴影颜色，可以在调色板中选择颜色。
- 加亮显示：设置斜角的高光加亮颜色，也可以在调色板中选择颜色。
- 角度：设置斜角的角度，取值范围为 0°～360°。
- 距离：设置斜角距离对象的大小，取值范围为-255～255 像素。
- 挖空：将斜角效果作为背景，然后挖空对象部分的显示。
- 类型：设置斜角的应用位置，可以是内侧、外侧或强制齐行，如果选择强制齐行，则在内侧和外侧同时应用斜角效果。

给文本添加投影滤镜，效果如图 7-12 所示。

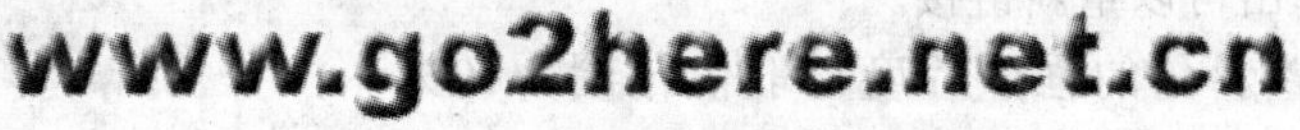

# www.go2here.net.cn

图 7-12　文本添加斜角滤镜后的效果

## 7.1.5　渐变发光

渐变发光滤镜的效果和发光滤镜的效果基本一样，只是可以调节发光的颜色为渐变色，还可以设置角度、距离和类型，如图 7-13 所示。

对其中各个参数说明如下。

图 7-13　渐变发光滤镜的属性设置

- 模糊：指定渐变发光的模糊程度，可分别对 X 轴和 Y 轴两个方向设置，取值范围为 0～255 像素。如果单击 X 和 Y 后的链接按钮，可以取消 X、Y 方向上的链接，再次单击可以重新链接。
- 强度：设置渐变发光的强烈程度。取值范围为 0%～25500%，数值越大，渐变发光的显示越清晰强烈。
- 品质：设置渐变发光的品质高低。有"高"、"中"、"低" 3 个选项，品质越高，发光越清晰。
- 挖空：将渐变发光效果作为背景，然后挖空对象的显示。
- 角度：设置渐变发光的角度，取值范围为 0°～360°。
- 距离：设置渐变发光的距离大小，取值范围为-255～255 像素。
- 类型：设置渐变发光的应用位置，可以是内侧、外侧或强制齐行。
- 渐变：其中的渐变色条是控制渐变颜色的工具，在默认情况下为白色到黑色的渐变色。将鼠标指针移动到色条上，单击可以增加新的颜色控制点。往下方拖曳已经存在的颜色控制点，可以删除被拖曳的控制点。单击控制点上的颜色块，会打开系统调色板，让用户选择要改变的颜色。

给文本添加渐变发光滤镜，效果如图 7-14 所示。

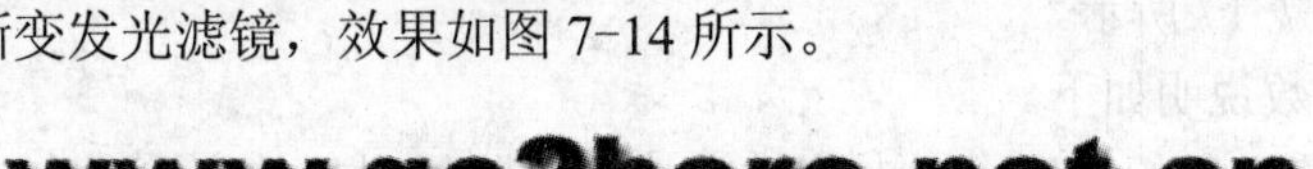

# www.go2here.net.cn

图 7-14　文本添加渐变发光滤镜后的效果

### 7.1.6 渐变斜角

使用渐变斜角滤镜同样可以制作出比较逼真的立体浮雕效果，它的控制参数和斜角滤镜的相似，所不同的是它更能精确控制斜角的渐变颜色,。如图 7-15 所示。

对其中各个参数说明如下。

图 7-15　渐变斜角滤镜的属性设置

- 模糊：设置斜角的模糊程度，可分别对 X 轴和 Y 轴两个方向设置，取值范围为 0～255 像素。如果单击 X 和 Y 后的链接按钮，可以取消 X、Y 方向上的链接，再次单击可以重新链接。
- 强度：设置斜角的强烈程度。取值范围为 0%～25500%，数值越大，斜角的效果越明显。
- 品质：设置斜角倾斜的品质高低。有"高"、"中"、"低" 3 个选项，品质越高，斜角效果越明显。
- 阴影：设置斜角的阴影颜色，可以在调色板中选择颜色。
- 加亮：设置斜角的高光加亮颜色，可以在调色板中选择颜色。
- 角度：设置斜角的角度，取值范围为 0°～360°。
- 距离：设置斜角距离对象的大小，取值范围为-255～255 像素。
- 挖空：将斜角效果作为背景，然后挖空对象部分的显示。
- 类型：设置斜角的应用位置，可以是内侧、外侧或全部，如果选择全部，则在内侧和外侧同时应用斜角效果。
- 渐变：其中的渐变色条是控制渐变颜色的工具，在默认情况下为白色到黑色的渐变色。将鼠标指针移动到色条上，单击可以增加新的颜色控制点。往下方拖曳已经存在的颜色控制点，可以删除被拖曳的控制点。单击控制点上的颜色块，会打开系统调色板，让用户选择要改变的颜色。

给文本添加渐变斜角滤镜，效果如图 7-16 所示。

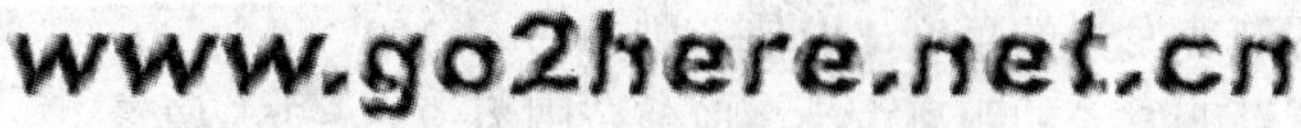

**www.go2here.net.cn**

图 7-16　文本添加渐变斜角滤镜后的效果

### 7.1.7 调整颜色

调整颜色滤镜，用于对影片剪辑、文本或按钮进行颜色调整，例如亮度、对比度、饱和度和色相等，如图 7-17 所示。

对其中各个参数说明如下。

- 亮度：调整对象的亮度。向左拖动滑块可以降低对象的亮度，向右拖动可以增强对象的亮度，取值范围为-100～100。

图 7-17　调整颜色滤镜的属性设置

- 对比度：调整对象的对比度。取值范围为-100～100，向左拖动滑块可以降低对象的对比度，向右拖动可以增强对象的对比度。
- 饱和度：设定颜色的饱和程度。取值范围为-100～100，向左拖动滑块可以降低对象中包含颜色的浓度，向右拖动可以增加对象中包含颜色的浓度。
- 色相：调整对象中各个颜色色相的浓度，取值范围为-180～180，使用该参数对色相的控制没有 Fireworks 准确。

给影片剪辑元件添加调整颜色滤镜，效果如图 7-18 所示。

图 7-18　影片剪辑元件添加调整颜色滤镜前后的对比效果

## 7.2　案例上机操作：使用滤镜制作立体按钮

下面使用 Flash CS4 中的滤镜命令，来制作一个富有立体感的按钮效果，该按钮效果在 Flash 动画中的应用很多。具体操作步骤如下：

1）新建一个 Flash 文件。

2）选择工具箱中的椭圆工具，在属性面板中设置椭圆工具的属性。

3）设置笔触颜色为"透明"，设置填充颜色为"蓝色"。

4）在舞台中，按住〈Shift〉键拖曳鼠标，绘制一个正圆，如图 7-19 所示。

5）选择"修改"→"转换为元件"（快捷键：〈F8〉）命令，弹出"转换为元件"对话框。在对话框中输入新元件的名称，并且选择元件的类型为"影片剪辑"，如图 7-20 所示。

图 7-19　在舞台中绘制一个正圆　　　　　　　图 7-20　"转换为元件"对话框

6）在"注册"选项中调整元件注册中心点的位置。

7）单击"确定"按钮，即可完成元件的转换操作。

8）选择"窗口"→"属性"→"滤镜"命令，打开滤镜面板。

9）单击 🖻 按钮，打开滤镜面板的选项菜单，选择"斜角"命令。

10）设置"斜角"滤镜参数。模糊为"10"，强度为"120"，品质为"高"，阴影颜色为"黑色"，加亮颜色为"白色"，角度为"45"，距离为"5"，类型为"内侧"，如图 7-21 所示。

11）选中舞台中的影片剪辑元件，选择"修改"→"转换为元件"（快捷键：〈F8〉）命令，弹出"转换为元件"对话框。

12）在对话框中输入新元件的名称，并且选择元件的类型为"按钮"，如图 7-22 所示。

图 7-21　斜角滤镜设置　　　　　　　　　　图 7-22　"转换为元件"对话框

13）在舞台中的按钮元件上快速双击，进入到按钮元件的编辑状态，如图 7-23 所示。

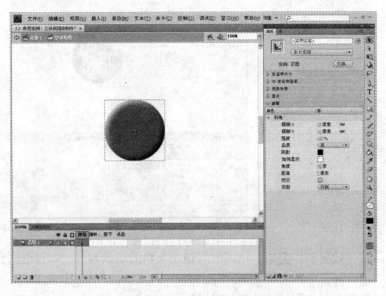

图 7-23 进入到按钮元件的编辑状态

14）在时间轴面板的"按下"状态按〈F6〉键插入关键帧，如图 7-24 所示。

15）选择"按下"状态中的正圆，在属性面板中调整"斜角"滤镜的属性参数。

16）设置"斜角"滤镜的角度参数为"230"，其他参数保持不变，如图 7-25 所示。

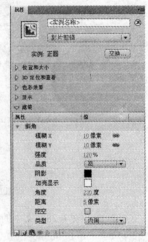

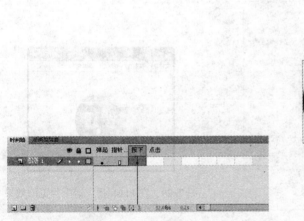

图 7-24 在"按下"状态插入关键帧　　　图 7-25 设置"按下"状态中斜角滤镜的参数

17）在按钮元件的时间轴中新建"图层 2"，如图 7-26 所示。

18）选择工具箱中的文本工具，在"图层 2"的"弹起"状态中输入文本"按钮"，并将其对齐到椭圆的中心位置，如图 7-27 所示。

19）选择"图层 2"中的文本，打开滤镜面板。

20）使用和前面相同的方法，给文本添加"渐变发光"滤镜。

21）设置"渐变发光"滤镜参数。模糊为"3"，强度为"250"，品质为"高"，角度为"0"，距离为"0"，类型为"外侧"，如图 7-28 所示。

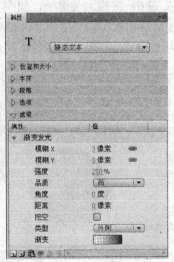

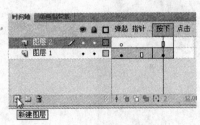

图 7-26　新建"图层 2"

图 7-27　在"图层 2"中输入文本

22）至此，按钮效果制作完毕，单击时间轴左上角的场景名称，即可返回到场景的编辑状态。

23）选择"控制"→"测试影片"（快捷键：〈Ctrl+Enter〉）命令，在 Flash 播放器中预览动画效果，如图 7-29 所示。

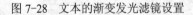

图 7-28　文本的渐变发光滤镜设置

图 7-29　在 Flash 播放器中预览的效果

**说明：** 通过上面的实例可以看出，Flash CS4 在美化对象方面下了很大的功夫，综合利用这些新增的滤镜，可以轻松制作出许多以前只有在图像设计软件中才可以制作的效果，可以使用户如虎添翼，从而设计出更炫目漂亮的作品。

## 7.3　Flash CS4 中的混合模式

关于混合模式，熟悉 Fireworks 的朋友一定十分了解，下面就来介绍一下 Flash CS4 中的混合模式。

### 7.3.1　混合模式概述

当两个图像的颜色通道以某种数学计算方法混合叠加到一起的时候，两个图像会产生某种特殊的变化效果。在 Flash CS4 中提供了图层、变暗、正片叠底、变亮、滤色、叠加、强光、增加、减去、差值、反相、Alpha 和擦除等混合模式，使用混合模式的操作步骤如下：

1）选择舞台中需要添加混合模式的对象。

2）打开属性面板中的"混合"下拉列表框，如图 7-30 所示。

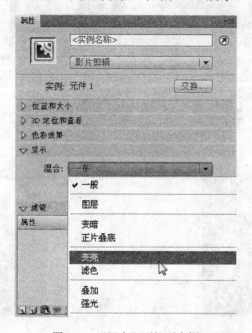

图 7-30　"混合"下拉列表框

3）在"混合"下拉列表框中，选择相应的混合模式命令。但对同一个对象只能选择一个混合模式效果。当需要删除混合模式效果时，可以在"混合"下拉列表框中选择"一般"命令。

提示：Flash CS4 中的混合模式只能够添加到按钮元件和影片剪辑元件上。当场景中的对象不适合应用混合模式效果时，属性面板中的"混合"下拉列表框处于灰色的不可用状态。

### 7.3.2　添加混合模式效果

为了直观地显示混合模式的应用效果，首先往舞台中导入两张图片素材，如图 7-31 所示。然后将这两张图片重叠到一起，并且把上方的图片转换为影片剪辑元件。选中影片剪辑元件，在属性面板中会发现"混合"下拉列表框变为可选状态（见图 7-32），即表示可以选择不同的混合模式命令了。

● 变暗：查看对象中的颜色信息，并选择基色或混合色中较暗的颜色作为结果色。比混合色亮的像素被替换，比混合色暗的像素保持不变，效果如图 7-33 所示。

图 7-31　导入到舞台中的位图素材　　　　图 7-32　把图片转换为影片剪辑元件，并且对齐到一起

● 正片叠底：查看对象中的颜色信息，将基色与混合色复合，并且结果色总是较暗的颜色。任何颜色与黑色复合产生黑色，任何颜色与白色复合保持不变，效果如图 7-34 所示。

图 7-33　选择混合模式中的"变暗"命令　　　　图 7-34　选择混合模式中的"正片叠底"命令

● 变亮：查看对象中的颜色信息，并选择基色或混合色中较亮的颜色作为结果色。比混合色暗的像素被替换，比混合色亮的像素保持不变，如图 7-35 所示。

● 滤色：用基准颜色乘以混合颜色的反色，从而产生漂白效果，如图 7-36 所示。

图 7-35　选择混合模式中的"变亮"命令　　　　图 7-36　选择混合模式中的"滤色"命令

● 叠加：复合或过滤颜色，具体取决于基色。图案或颜色在现有像素上叠加，同时保

留基色的明暗对比。不替换基色，但基色与混合色相混以反映原色的亮度或暗度，如图 7-37 所示。

- 强光：复合或过滤颜色，具体取决于混合色。此效果与耀眼的聚光灯照在图像上产生的效果相似，如图 7-38 所示。

图 7-37  选择混合模式中的"叠加"命令　　　图 7-38  选择混合模式中的"强光"命令

- 增加：在基准颜色的基础上增加混合颜色，如图 7-39 所示。
- 减去：从基准颜色中去除混合颜色，如图 7-40 所示。

图 7-39  选择混合模式中的"增加"命令　　　图 7-40  选择混合模式中的"减去"命令

- 差值：从基准颜色中去除混合颜色或者从混合颜色中去除基准颜色。从亮度较高的颜色中去除亮度较低的颜色，具体取决于哪一个颜色的亮度值更大。与白色混合将反转基色值，与黑色混合则不产生变化，如图 7-41 所示。
- 反相：反相显示基准颜色，如图 7-42 所示。

图 7-41  选择混合模式中的"差值"命令　　　图 7-42  选择混合模式中的"反相"命令

- Alpha（透明）：透明显示基准色，如图 7-43 所示。
- 擦除：擦除影片剪辑中的颜色，显示其下层的颜色，如图 7-44 所示。

图 7-43　选择混合模式中的"Alpha（透明）"命令　　　　图 7-44　选择混合模式中的"擦除"命令

在动画设计中，灵活地使用图像的混合模式，可以得到更加丰富的颜色效果。

# 7.4　使用动画预设

动画预设是 Flash CS4 新增的一个功能，使用动画预设，可以把经常使用的动画效果保存成一个预设，从而方便以后的调用或者与团队中的其他人共享此效果。

选择"窗口"→"动画预设"命令，即可打开 Flash CS4 的动画预设面板，如图 7-45 所示。在动画预设面板中，Flash CS4 内置了 29 种不同的动画效果供用户使用，当然，用户也可以添加自定义的效果。需要注意的是，如果希望能够使用所有的内置效果，添加的对象必须是影片剪辑元件。下面通过一个简单的实例来进行说明，具体操作步骤如下：

1）新建一个 Flash 文件。

2）导入外部素材，并且转换为影片剪辑元件，如图 7-46 所示。

图 7-45　动画预设面板　　　　　　　　　图 7-46　导入外部素材

3）打开动画预设面板，选择需要的动画效果，然后单击面板右下角的"应用"按钮，就可以把动画效果应用到影片剪辑元件上了，如图 7-47 所示。

4）如果需要把所制作的动画效果进行保存，可以先使用补间动画的方式制作所需要的效果。

5）选中补间动画的所有帧，然后单击动画预设面板左下角的"将选区另存为预设"按钮，在弹出的"将预设另存为"对话框中输入预设名称，最后单击"确定"按钮，如图 7-48 所示。

图 7-47　应用动画预设后的效果　　　　　图 7-48　"将预设另存为"对话框

6）这样，用户自定义的预设就会自动保存到动画预设面板中的"我的动画预设"目录下，如图 7-49 所示。

7）如果需要把自定义的动画预设提供给他人使用，可单击动画预设面板右上角的小三角箭头，打开其选项菜单，选择"导出"命令，如图 7-50 所示。

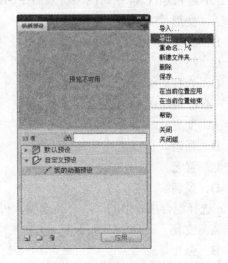

图 7-49　用户自定义的动画预设　　　　　图 7-50　导出动画预设

8）在弹出的"另存为"对话框中，选择需要保存的位置即可，如图 7-51 所示。

图 7-51　保存动画预设

9）Flash CS4 会生成 XML 格式的动画预设文件，如果需要添加他人的动画预设效果，在动画预设面板的选项菜单中选择"导入"命令即可。

## 7.5　习题

**1. 选择题**

（1）不能添加滤镜的对象是（　　　）。

    A. 影片剪辑元件

    B. 按钮元件

    C. 文本

    D. 图形元件

（2）不是 Flash CS4 中时间轴特效命令的是（　　　）。

    A. 变形

    B. 分离

    C. 模糊

    D. 查找边缘

（3）不是 Flash CS4 中混合模式的是（　　　）。

    A. 变亮

    B. 强调

    C. 强光

    D. 反转

（4）选择混合模式中的（　　　）选项，可以生成漂白效果。

    A. 变亮

    B. 强光

    C. 荧幕

    D. 反转

（5）如果要制作图片爆炸的效果，可以选择时间轴特效中的（　　　）。

　　A．分离

　　B．分散式重置

　　C．模糊

　　D．投影

## 2．操作题

（1）使用 Flash CS4 的滤镜给图形添加特效。

（2）使用 Flash CS4 的混合模式改变图形的颜色。

（3）使用 Flash CS4 的时间轴特效制作简单动画。

# 第8章　Flash CS4 帧和图层

**本章要点**

- Flash CS4 中的帧
- Flash CS4 中的图层操作
- Flash CS4 中的引导层
- Flash CS4 中的遮罩层

在 Flash 的动画制作中，帧和图层的操作应该是使用频率最高的了。只有熟练的掌握帧和图层的操作，才能更快更好地制作出各种动画效果。

## 8.1　帧

帧是 Flash 动画的构成基础，在整个动画制作的过程中，对于舞台中对象的时间控制，主要通过更改时间轴中的帧来完成。下面介绍 Flash 中帧的一些基本概念和操作。

### 8.1.1　帧的类型

Flash 中的帧可以分为关键帧、空白关键帧和静态延长帧等类型。空白关键帧加入对象后即可转换为关键帧。

- 关键帧：用来描述动画中关键画面的帧，每个关键帧中的画面内容都是不同的。用户可以编辑当前关键帧所对应的舞台中的所有内容。关键帧在时间轴中显示为实心小圆点，如图 8-1 所示。
- 空白关键帧：和关键帧的概念一样，不同的是当前空白关键帧所对应的舞台中没有内容。空白关键帧在时间轴中显示为空心小圆点，如图 8-2 所示。

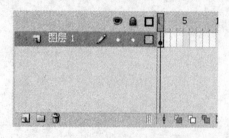

图 8-1　Flash 中的关键帧

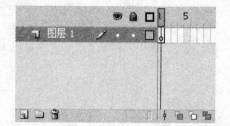

图 8-2　Flash 中的空白关键帧

- 静态延长帧：用来延长上一个关键帧的播放状态和时间，当前静态延长帧所对应的舞台不可编辑。静态延长帧在时间轴中显示为灰色区域，如图 8-3 所示。

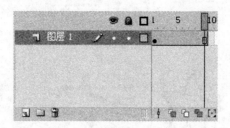

图 8-3　Flash 中的静态延长帧

### 8.1.2　创建和删除帧

对帧的操作，基本上都是通过时间轴来完成的，在时间轴的上方标有帧的序号，用户可以在不同的帧中添加不同的内容，然后连续播放这些帧即可生成动画。

**1．添加静态延长帧**

在 Flash CS4 中添加静态延长帧的方法有 3 种：

- 在时间轴中需要插入帧的地方按〈F5〉键可以快速插入静态延长帧。
- 在时间轴中需要插入帧的地方右击，在弹出的快捷菜单中选择"插入帧"命令。
- 单击时间轴中需要插入帧的位置，选择"插入"→"时间轴"→"帧"命令。

**2．添加关键帧**

在 Flash CS4 中添加关键帧的方法有 3 种：

- 在时间轴中需要插入帧的地方按〈F6〉键可以快速插入关键帧。
- 在时间轴中需要插入帧的地方右击，在弹出的快捷菜单中选择"插入关键帧"命令。
- 单击时间轴中需要插入帧的位置，选择"插入"→"时间轴"→"关键帧"命令。

**3．添加空白关键帧**

在 Flash CS4 中添加空白关键帧的方法有 3 种：

- 在时间轴中需要插入帧的地方按〈F7〉键可以快速插入空白关键帧。
- 在时间轴中需要插入帧的地方右击，在弹出的快捷菜单中选择"插入空白关键帧"命令。
- 单击时间轴中需要插入帧的位置，选择"插入"→"时间轴"→"空白关键帧"命令。

**4．删除和修改帧**

要删除或修改动画的帧，同样也可以从右键的快捷菜单中选择相应的命令，但是最快的方法还是使用快捷键。

- 按〈Shift+F5〉键可以删除静态延长帧。
- 按〈Shift+F6〉键可以删除关键帧。

### 8.1.3　选择和移动帧

选择帧的目的是为了编辑当前所选帧中的对象，或者改变这一帧在时间轴中的位置。

**1．选择帧**

要选择单帧，可以直接在时间轴上单击要选择的帧，从而选择该帧所对应舞台中的所有对象，如图 8-4 所示。

图 8-4　选择时间轴中的单帧

**2．选择帧序列**

选择多个帧的方法有两种：一是直接在时间轴上拖曳鼠标指针进行选择；二是按住〈Shift〉键的同时选择多帧，如图 8-5 所示。

用户可以改变某帧在时间轴中的位置，连同帧的内容一起改变，实现这个操作最快捷的方法就是利用鼠标。选中要移动的帧或者帧序列，单击鼠标并拖曳到时间轴中新的位置即可，如图 8-6 所示。

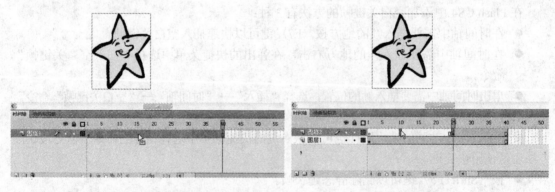

图 8-5　选择时间轴中的帧序列　　　　图 8-6　移动时间轴中的帧

## 8.1.4　编辑帧

下面介绍复制和粘贴帧、翻转帧和清除关键帧的操作。

**1．复制和粘贴帧**

对帧进行复制和粘贴的操作步骤如下：

1）选择要复制的帧或帧序列。

2）右击，在弹出的快捷菜单中选择"复制帧"命令，如图8-7所示。

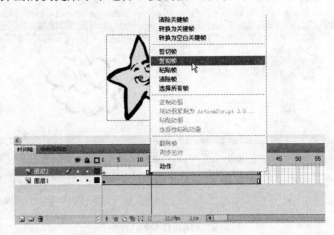

图8-7　选择"复制帧"命令

3）选择时间轴中需要粘贴帧的位置，右击，在弹出的快捷菜单中选择"粘贴帧"即可。

**2. 翻转帧**

利用翻转帧的功能可以使一段连续的关键帧序列进行逆转排列，最终的效果是倒着播放动画，具体操作步骤如下：

1）选择要翻转的帧序列。

2）右击，在弹出的快捷菜单中选择"翻转帧"命令，如图8-8所示。

图8-8　选择"翻转帧"命令

翻转帧前后的对比效果如图 8-9 所示。

图 8-9　移动时间轴中的帧

### 3. 清除关键帧

清除关键帧的操作只能用于关键帧，因为它并不是删除帧，而是将关键帧转换为静态延长帧，如果这个关键帧所在的帧序列只有 1 帧，清除关键帧后它将转换为空白关键帧，具体操作步骤如下：

1）选择要清除的关键帧。

2）右击，在弹出的快捷菜单中选择"清除关键帧"命令，如图 8-10 所示。

图 8-10　选择"清除关键帧"命令

## 8.1.5　使用洋葱皮

一般情况下，在编辑区域内看到的所有内容都是同一帧里的，如果使用了洋葱皮功能就可以同时看到多个帧中的内容。这样便于比较多个帧内容的位置，使用户更容易安排动画、给对象定位等。

### 1. 洋葱皮模式

单击时间轴下方的"洋葱皮模式" 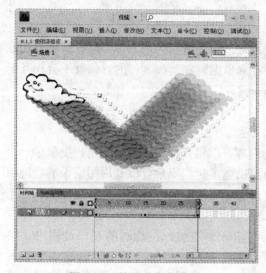按钮，会看到当前帧以外的其他帧，它们以不同的透明度来显示，但是不能选择，如图 8-11 所示。

这时，在时间轴的帧数上会多了一个大括号，这是洋葱皮的显示范围，只需要拖曳该大括号，就可以改变当前洋葱皮工具的显示范围了。

### 2. 洋葱皮外框模式

单击时间轴下方的"洋葱皮外框模式" 按钮，在舞台中的对象会只显示边框轮廓，而不显示填充，如图 8-12 所示。

图 8-11　使用洋葱皮模式

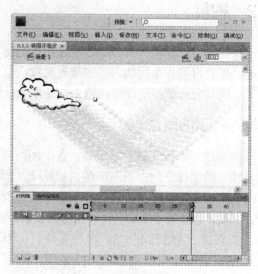

图 8-12　使用洋葱皮外框模式

### 3. 多个帧编辑模式

单击时间轴下方的"多个帧编辑模式" 按钮，在舞台中只会显示关键帧中的内容，而不显示补间的内容，并且可以对关键帧中的内容进行修改，如图 8-13 所示。

图 8-13　使用多个帧编辑模式

#### 4．修改洋葱皮标记

单击时间轴下方的"修改洋葱皮标记" 🔘 按钮，可以对洋葱皮的显示范围进行控制。

● 总是显示标记：选中后，不论是否启用洋葱皮模式，都会显示标记。
● 锚定洋葱皮：在默认情况下，启用洋葱皮范围是以目前所在的帧为标准的，如果当前帧改变，洋葱皮的范围也会跟着变化。
● 洋葱皮 2 帧、洋葱皮 5 帧、洋葱皮全部：快速地将洋葱皮的范围设置为 2 帧、5 帧以及全部帧。

## 8.2 图层

图层是时间轴的一部分，图层采用综合透视原理，如同透明的玻璃，一层一层地叠加在一起。用户可以在不同的图层中放置对象，这样在对象编辑和动画制作的时候就不会相互影响了。而且所有的图层在时间轴上都是默认从第一帧开始播放的。

### 8.2.1　图层的概念

图层是一个图案要素的载体，各个图层中的内容可以相互联系。图层给用户提供了一个相对独立的创作空间，当图形越来越复杂，素材越来越多时，用户可以利用图层很清楚地将不同的图形和素材分类，这样在编辑修改时就可以避免修改部分与非修改部分之间的相互干扰。因此，图层在 Flash 中起着相当重要的作用。

当新建一个 Flash CS4 影片文件时，默认创建一个图层。在动画的制作过程中，可以通过增加新的图层来组织动画。用户除了可以创建普通图层外，还可以创建引导层和遮罩层。引导层用来让对象按照特定的路径运动；遮罩层用来制作一些复杂的特殊效果。用户还可以将声音和帧函数放置在单独的一个图层中，从而方便对它们进行查找和管理。

### 8.2.2　图层的基本操作

对于图层，Flash CS4 除了提供一些基本的图层操作以外，还提供了有其自身特点的图层锁定、线框显示等操作。图层的大部分操作都是在时间轴中完成的，下面对这些操作进行详细介绍。

#### 1．创建和删除图层

Flash CS4 中的所有图层都是按创建的先后顺序由下到上统一放置在时间轴中的，最先建立的图层放置在最下面。当然图层的顺序也是可以拖曳调整的。当用户创建一个新的影片文件的时候，Flash CS4 默认只有一个图层 1。如果用户要创建新的图层，可以通过下面的 3 种操作来完成：

1）选择"插入"→"时间轴"→"图层"命令。

2）在时间轴中需要添加图层的位置右击，在弹出的快捷菜单中选择"插入图层"命令。

3）在时间轴中单击"新建图层" 🔳 按钮。

在执行了上述方法之一后，都可以创建一个新的图层，如图 8-14 所示。

对于不需要的图层，用户也可以将其删除，在 Flash CS4 中有以下两种操作可以删除图层：

1）选中需要删除的图层，右击，在弹出的快捷菜单中选择"删除图层"命令。

2）选中需要删除的图层，在时间轴中单击"删除图层" 按钮。

**2．更改图层名称**

在创建新的图层时，Flash CS4 会按照系统默认的名称"图层 1"、"图层 2"等依次命名。在制作一个复杂的动画效果时，用户要建立十几个甚至是几十个图层，如果沿用默认的图层名称，将很难区分或记忆每一个图层的内容。因此，需要对图层进行重命名。双击想要重命名的图层名称，然后输入新的名称即可，如图 8-15 所示。

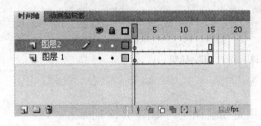
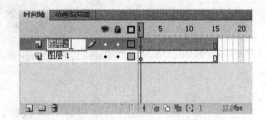

图 8-14　创建一个新的图层 　　　　　　图 8-15　更改图层的名称

**3．选择图层**

在 Flash CS4 中有多种方法选取一个图层，较常用的方法有以下 3 种：

● 直接在时间轴上单击所要选取的图层名称。

● 在时间轴上单击所要选取图层所包含的帧，则该图层会被选中。

● 在舞台中单击要编辑的图形，则包含该图形的图层会被选中。

有时为了编辑的需要，用户可能要同时选择多个图层。这时可以按〈Shift〉键选取连续的多个图层，也可以按住〈Ctrl〉键选取多个不连续的图层，如图 8-16 所示。

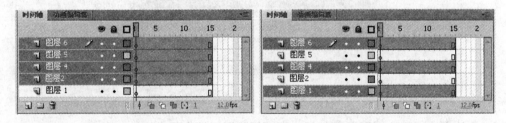

图 8-16　不同选择方式的对比效果

**4．改变图层的排列顺序**

图层的排列顺序会直接影响图形的重叠形式，即排列在上面的图层会遮挡下面的图层。用户可以根据需要任意改变图层的排列顺序。

改变图层排列顺序的操作很简单，只需要在时间轴中拖曳图层到相应的位置即可，图 8-17 所示为更改两个图层排列顺序的对比效果。

**5．锁定图层**

当用户在某些图层上已经完成了操作，而这些内容在一段时间内不需要编辑时，用户可以将这些图层锁定，以免对其中内容误操作。锁定图层的步骤如下：

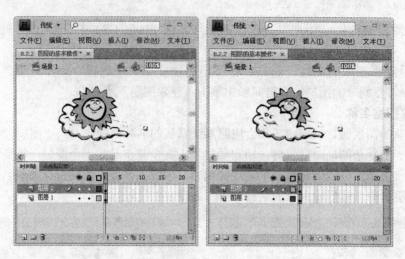

图 8-17　更改图层的排列顺序对比效果

1）选择需要锁定的图层。

2）单击时间轴中的"锁定图层"  按钮，锁定当前图层，如图 8-18 所示。

图 8-18　锁定图层

3）再次单击"锁定图层" 按钮，即可解除图层锁定状态。

**说明：** 在图层锁定以后，不能编辑图层中的内容，但是可以对图层进行复制、删除等操作。

### 6. 显示和隐藏图层

某些时候用户要对对象进行详细的编辑，一些图层中的内容可能会影响用户的操作，那么可以把影响操作的图形先隐藏起来，等需要时再重新显示。显示隐藏图层的操作步骤如下：

1）选择需要隐藏的图层。

2）单击时间轴中的"显示/隐藏图层" 按钮，隐藏当前图层，如图 8-19 所示。

3）再次单击"显示/隐藏图层"  按钮，即可显示图层，如图 8-20 所示。

图 8-19　隐藏图层

图 8-20　显示图层

### 7．显示图层轮廓

在一个复杂的影片中查找一个对象是很复杂的事情，用户可以利用 Flash 显示轮廓的功能进行区别，此时，每一层所显示的轮廓颜色是不同的，从而有利于用户分清图层中的内容，具体操作步骤如下：

1）选择需要显示轮廓的图层。

2）单击时间轴中的"显示图层轮廓" □ 按钮，当前图层则以轮廓显示，如图 8-21 所示。

3）再次单击"显示图层轮廓" □ 按钮，即可取消图层的轮廓显示状态，如图 8-22 所示。

图 8-21　显示图层轮廓

图 8-22　取消图层轮廓显示

### 8．使用图层文件夹

通过创建图层文件夹，可以组织和管理图层。在时间轴中展开和折叠图层夹不会影响在舞台中看到的内容，把不同类型的图层分别放置到图层文件夹中的操作步骤如下：

1）单击时间轴中的"新建文件夹" ⬜ 按钮，创建图层文件夹，如图 8-23 所示。

2）选择时间轴中的普通图层，将其拖曳到图层文件夹中，如图 8-24 所示。

图 8-23　插入图层文件夹　　　　　　图 8-24　把图层移动到图层文件夹中

3）如果需要删除图层文件夹，可以单击时间轴中的"删除图层" 🗑 按钮。

**提示：** 在删除图层文件夹的时候，如果图层文件夹中有图层存在，则会被一同删除。

### 8.2.3　引导层

引导层是 Flash 中一种特殊的图层，在影片中起辅助作用。它可以分为普通引导层和运动引导层两种，其中，普通引导层起辅助定位的作用，运动引导层在制作动画时起引导运动路径的作用。

#### 1. 普通引导层

普通引导层是在普通图层的基础上建立的，其中的所有内容只是在制作动画时作为参考，不会出现在最后的作品中。建立一个引导层的操作步骤如下：

1）选择一个图层，右击，在弹出的快捷菜单中选择"引导层"命令，如图 8-25 所示。

2）这时，普通图层则转换为普通引导层，如图 8-26 所示。

3）如果再次选择"引导层"命令，即可把普通引导层转换为普通图层。

**提示：** 在实际的使用过程中，最好将普通引导层放置在所有图层的下方，这样就可以避免将一个普通图层拖曳到普通引导层的下方，把该引导层转换为运动引导层。

在图 8-27 所示的编辑窗口中，图层 1 是普通引导层，所有的内容都是可见的，但是在发布动画以后，只有普通图层中的内容可见，而普通引导层中的内容将不会显示。

图 8-25 选择"引导层"命令

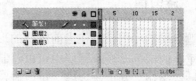

图 8-26 将普通图层转换为普通引导层

图 8-27 引导层中的内容在发布后的动画中不显示

## 2. 运动引导层

在 Flash CS4 中，用户可以使用运动引导层来绘制物体的运动路径。在制作以元件为对象并沿着特定路径移动的动画中，运动引导层的应用较多。和普通引导层相同的是，运动引导层中的内容在最后发布的动画中也是不可见的。创建运动引导层的步骤如下：

1）选择一个图层。

2）右击，在弹出的快捷菜单中选择"添加运动引导层"命令，即可在当前图层的上方创建一个运动引导层，如图 8-28 所示。

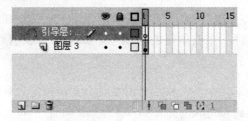

图 8-28 创建运动引导层

3）如果需要删除运动引导层，可以单击时间轴中的"删除图层" 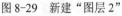 按钮。

运动引导层总是与至少一个图层相连，与它相连的层是被引导层。将层与运动引导层相连可以使运动引导层中的物体沿着运动引导层中设置的路径移动。在创建运动引导层时，被选中的层会与该引导层相连，并且被引导层在引导层的下方，这表明了一种层次或从属关系。

提示：关于使用运动引导层制作动画的技巧，将在后面的章节介绍。

### 8.2.4　遮罩层

遮罩层的作用就是在当前图层的形状内部，显示与其他图层重叠的颜色和内容，而不显示不重叠的部分。在遮罩层中可以绘制一般单色图形、渐变图形、线条和文本等，它们都能作为挖空区域。利用遮罩层，可以遮罩出一些特殊效果，例如图像的动态切换、探照灯和百叶窗效果等。

下面通过一个简单的案例来说明创建遮罩层的过程，具体操作步骤如下：

1）新建一个 Flash 文件。

2）选择"文件"→"导入"→"导入到舞台"命令，向舞台中导入一张图片素材。

3）在时间轴中单击"新建图层"按钮，创建"图层 2"，如图 8-29 所示。

4）使用工具箱中的多角星形工具，在"图层 2"所对应的舞台中绘制一个五角星。

5）将"图层 2"中的五角星和"图层 1"中的图片素材重叠在一起，如图 8-30 所示。

图 8-29　新建"图层 2"

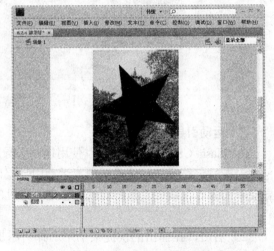
图 8-30　在"图层 2"中绘制五角星

6）右击"图层 2"，在弹出的快捷菜单中选择"遮罩"命令，如图 8-31 所示。

7）效果完成，图片显示在五角星的形状中。如果需要取消遮罩效果，可以再次选择"遮罩"命令。

说明：一旦选择"遮罩"命令，相应的图层就会自动锁定。如果要对遮罩层中的内容进行编辑，必须先取消图层的锁定状态。

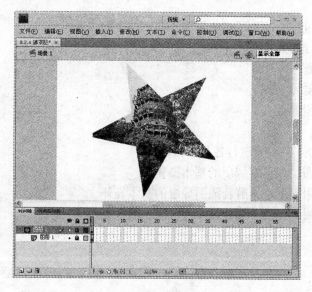

图 8-31　遮罩效果

# 8.3　习题

## 1.选择题

（1）要删除一个关键帧，可以执行（　　）操作。

A. 选中此关键帧，单击键盘上的〈delete〉键

B. 选中此关键帧，选择"插入"→"删除帧"命令

C. 选中此关键帧，选择"插入"→"清除关键帧"命令

D. 选中此关键帧，选择"编辑"→"时间轴"→"删除帧"命令

（2）插入静态延长帧的快捷键是（　　）。

A. F5

B. F6

C. F7

D. F8

（3）引导层中的内容在预览动画的时候（　　）。

A. 可见

B. 不可见

C. 可编辑

D. 不知道

（4）制作遮罩效果最少需要（　　）个图层。

A. 2

B. 3

C. 8

D. 15

（5）在操作的过程中，为了避免编辑其他图层中的内容，可以（　　）。

    A．以轮廓来显示图层中的内容

    B．删除图层

    C．锁定或隐藏图层

    D．继续新建图层

**2．操作题**

（1）在 Flash CS4 中对帧进行各种编辑操作。

（2）新建普通图层，了解图层的基本操作。

（3）新建普通引导层，了解普通引导层的基本操作。

（4）使用遮罩层制作一个图像显示在椭圆中的效果。

# 第9章 Flash CS4 动画制作

**本章要点**

- Flash CS4 帧动画制作
- Flash CS4 运动补间动画制作
- Flash CS4 形状补间动画制作
- Flash CS4 引导线动画
- Flash CS4 遮罩动画
- Flash CS4 复合动画

Flash 动画原理与在 Fireworks 中制作 Gif 动画的原理是完全一样的，有关动画原理这里就不再赘述。Flash 主要提供了 5 种类型的动画效果和制作方法，具体包括逐帧动画、运动补间动画、形状补间动画、引导线动画和遮罩层动画。本章将分别对这些 Flash 动画类型进行讲解。

## 9.1 逐帧动画

逐帧动画实际上每一帧的内容都不同，当制作完成一幅一幅的画面并连续播放时，就可以看到运动的画面了。要创建逐帧动画，每一帧都必须定义为关键帧，然后在每一帧中创建不同的画面即可。

### 9.1.1 导入素材生成动画

导入素材并生成动画的步骤如下：

1）新建一个 Flash 文件。选择"文件"→"导入"→"导入到舞台"命令（快捷键为〈Ctrl+R〉），弹出"导入"对话框，如图 9-1 所示。

2）选择第一个文件，单击"打开"按钮，会弹出一个提示对话框，询问用户是否导入所有图片，因为所有图片的文件名是连续的，如图 9-2 所示。

图 9-1 "导入"对话框

图 9-2 系统询问

3）单击"是"按钮，Flash 会把所有的图片导入到舞台中，并且在时间轴中按顺序排列到不同的帧上，如图 9-3 所示。

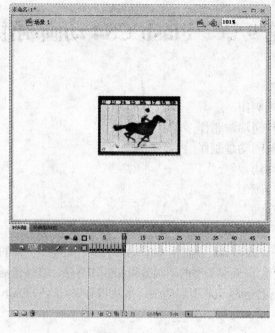

图 9-3　时间轴

4）按〈Ctrl+Enter〉组合键即可预览动画效果。

### 9.1.2　逐帧动画制作进阶

下面通过一个具体案例来讲解逐帧动画的制作过程，具体步骤如下：

1）新建一个 Flash 文件。

2）选择工具箱中的文本工具，在舞台中输入"欢迎您访问网页顽主"。

3）选择舞台中的文本，在属性面板中设置文本的属性：字体为"黑体"，字体大小为"50"，文本颜色为"黑色"，如图 9-4 所示。

4）在时间轴中按〈F6〉键插入关键帧，这里一共插入 9 个关键帧，因为一共有 9 个字，如图 9-5 所示。

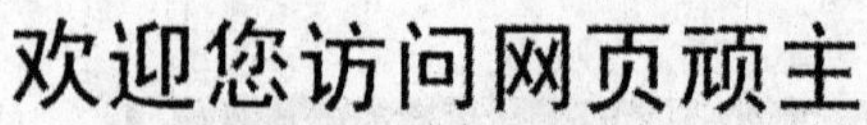

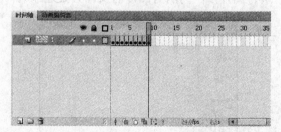

# 欢迎您访问网页顽主

图 9-4　在舞台中输入文本

图 9-5　插入 9 个关键帧

5）选择第 1 帧，把舞台中的"迎您访问网页顽主"文本都删除掉，只保留第一个字，如图 9-6 所示。

6）选择第 2 帧，把舞台中的"您访问网页顽主"文本都删除掉，只保留前两个字，如图 9-7 所示。

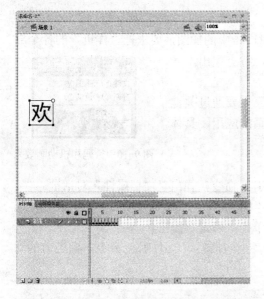

图 9-6　在第 1 帧中把"欢"后面的文本都删除　　　　图 9-7　在第 2 帧中只保留前两个字

7）使用同样的方法，依次删除其他帧中的文本，使每一帧中只保留和当前帧数相同的文本。

8）在最后一帧保留所有的文本。

9）选择"控制"→"测试影片"命令（快捷键为〈Ctrl+Enter〉），在 Flash 播放器中预览动画效果，如图 9-8 所示。

10）但是，这时的动画播放速度很快，需要适当调整。

11）选择"修改"→"文档"命令（快捷键为〈Ctrl+J〉），弹出"文档属性"对话框。

12）更改帧频为"1"，如图 9-9 所示。

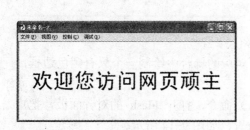

　　　　图 9-8　完成的动画效果　　　　　　　　　图 9-9　设置文档属性中的帧频为"1"

13）选择"控制"→"测试影片"命令（快捷键为〈Ctrl+Enter〉），在 Flash 播放器中预览动画效果。

**说明**：动画的播放频率可以通过 Flash 的帧频进行控制。把帧频更改为每秒钟播放一帧，播放速度就会减慢；反之，播放速度就会变快。

### 9.1.3　案例上机操作：数码相机网络广告

本例制作一个数码相机网络广告，由客户提供广告中的插图，要求把"样机"的各个部分有所体现，并说明产品名称，使画面简洁明了，特点突出，开篇点题，如图 9-10 所示。

这个例子实现了一种图片闪烁的效果，该效果主要通过关键帧和空白关键帧之间的快速切换来完成，是帧动画的应用，具体操作步骤如下：

图 9-10　数码相机动画效果

1）新建一个 Flash 文件。

2）选择"修改"→"文档"（快捷键：〈Ctrl+J〉）命令，弹出"文档属性"对话框。

3）设置舞台的背景颜色为"白色"，宽度为"140"像素，高度为"60"像素，其他选项保持默认状态，如图 9-11 所示。设置完毕后，单击"确定"按钮。

4）选择"文件"→"导入"→"导入到舞台"（快捷键：〈Ctrl+R〉）命令，向当前的动画中导入数码相机图片素材，如图 9-12 所示。

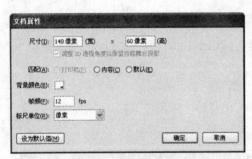

图 9-11　设置文档属性

图 9-12　向舞台中导入一张图片素材

5）按〈F8〉键，把图片转换为一个图形元件。

6）单击时间轴中的"插入图层"按钮，创建"图层 2"。

7）选择工具箱中的矩形工具，在"图层 2"所对应的舞台中绘制一个只有黑色边框，填充为透明的矩形，如图 9-13 所示。

8）选择"窗口"→"对齐"（快捷键：〈Ctrl+K〉）命令，打开 Flash 的对齐面板，把矩形的宽度和高度匹配舞台，并且对齐到舞台的中心位置，如图 9-14 所示。

9）该矩形的作用是为了给动画添加边框，同时确定图片在舞台中的位置，所以不需要制作动画，为了避免被编辑，把"图层 2"锁定。

10）把第 1 帧中的图形元件和矩形对齐到相应的位置，如图 9-15 所示。

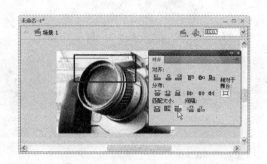

图 9-13　在"图层 2"中绘制一个矩形　　　　图 9-14　使用对齐面板，把矩形对齐到舞台中心

图 9-15　调整图片和矩形的位置

11）在"图层 1"的第 16 帧和第 18 帧，按〈F6〉键，插入关键帧。

12）在"图层 1"的第 15 帧和第 17 帧，按〈F7〉键，插入空白关键帧，如图 9-16 所示。

**说明：** 通过关键帧和空白关键帧的快速切换，就可以实现动画的闪烁效果了。

13）使用同样的方法，以 4 个帧为一组，在第 31～34 帧中插入关键帧和空白关键帧，如图 9-17 所示。

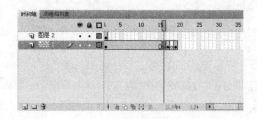

图 9-16　在"图层 1"中插入关键帧　　　　图 9-17　第 31～34 帧中插入关键帧和空白关键帧

14）选择第 34 帧中的图形元件，调整图片素材的位置，如图 9-18 所示。

15）使用同样的方法，在第51～54帧中插入关键帧和空白关键帧。

16）选择第54帧中的图形元件，调整图片素材的位置，如图9-19所示。

图9-18　调整第34帧中图片素材的位置　　　　图9-19　调整第54帧中图片素材的位置

17）使用同样的方法，在第71～74帧中插入关键帧和空白关键帧。

18）选择第74帧中的图形元件，在属性面板中调整元件的透明度为"40"，如图9-20所示。

图9-20　调整第74帧中图形元件的透明度

19）使用同样的方法，在第101～104帧插入关键帧和空白关键帧。

20）选择第104帧中的图形元件，在属性面板中取消元件的透明度设置，并且调整元件的位置和第1帧一样，如图9-21所示。

21）在"图层2"的第104帧按〈F5〉键插入静态延长帧。

22）单击时间轴面板中的"插入图层"按钮，创建"图层3"。

23）在"图层3"的第74帧按〈F7〉键插入空白关键帧。

24）选择工具箱中的文本工具，在"图层 3"的第 74 帧中输入文本"数码相机"。

25）在属性面板中设置文本属性。文本类型为"静态文本"，文本填充为"黑色"，字体为"黑体"，字体大小为"20"，字体样式为"粗体"，如图 9-22 所示。

图 9-21　取消第 104 帧中图形元件的透明度　　　　图 9-22　在舞台中输入文本

26）把"图层 3"第 74 帧中的文本选中，在属性面板中选择"样式"下拉列表框中的"Alpha"选项，设置文本元件的透明度为"0"，如图 9-23 所示。

图 9-23　设置"图层 3"第 74 帧中元件的透明度为"0"

27）选择"图层 3"中的文本，按〈F8〉键将其转换为图形元件。

28）在"图层 3"的第 84 帧按〈F6〉键插入空白关键帧。

29）在"图层 3"的第 74 帧中右击，在弹出的快捷菜单中选择"创建传统补间"命令。

30）动画制作完毕。选择"控制"→"测试影片"（快捷键：〈Ctrl+Enter〉）命令，在Flash 播放器中预览动画效果。

## 9.2　补间动画

在传统的动画制作中，动画设计的主创人员并不需要一帧一帧地绘制动画中的内容，那样工作量是及其巨大的。通常设计人员只需要绘制动画中的关键帧，而由他们的助手来绘制关键帧之间的变化内容。

这也就是我们在 Flash 动画中应用最多的一种动画制作模式，补间动画。在这里 Flash CS4 软件充当了用户的助手，用户只需要绘制出关键帧，软件就能自动生成中间的补间过程。Flash CS4 提供了 3 种补间动画的制作方法：创建运动补间，创建形状补间和创建传统补间。

### 9.2.1 创建传统补间动画

Flash CS4 中的传统补间只能够给元件的实例添加动画效果，使用传统补间，可以轻松地创建移动、旋转、改变大小和属性的动画效果。下面通过一个简单的案例，来学习有关创建传统补间传统的过程和方法。创建传统补间动画的步骤如下：

1）新建一个 Flash 文件。

2）选择"修改"→"文档"命令（快捷键为〈Ctrl+J〉），弹出"文档属性"对话框。

3）设置舞台的背景颜色为"黑色"，其他选项保持默认状态，如图 9-24 所示。设置完毕后，单击"确定"按钮。

4）选择工具箱中的文本工具，在舞台中输入"www.go2here.net.cn"。

5）选择舞台中的文本，在属性面板中设置文本的属性：字体为"Verdana"，字体大小为"50"，文本颜色为"白色"，如图 9-25 所示。

图 9-24　设置舞台的背景颜色为"黑色"

www.go2here.net.cn

图 9-25　在舞台中输入文本

6）选择"修改"→"转换为元件"命令（快捷键为〈F8〉），弹出"转换为元件"对话框，把舞台中的文本转换为图形元件，如图 9-26 所示。

7）选择"窗口"→"对齐"命令（快捷键为〈Ctrl+K〉），打开 Flash 的对齐面板，把转换好的图形元件对齐到舞台的中心位置，如图 9-27 所示。

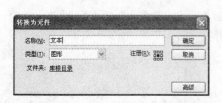

图 9-26　"转换为元件"对话框

图 9-27　使用对齐面板，把元件对齐到舞台中心

8）在时间轴的第 20 帧中按〈F6〉键插入关键帧，然后用选择工具选中第 20 帧所对应舞台中的元件。

9）选择"窗口"→"变形"命令（快捷键为〈Ctrl+T〉），打开 Flash 的变形面板，把图形元件的高度缩小为原来的"10%"，宽度不变，如图 9-28 所示。

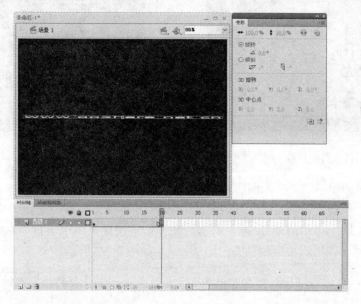

图 9-28　使用变形面板，把元件的高度缩小为原来的"10%"

10）在属性面板的"样式"下拉列表框中选择"Alaph"选项，设置第 20 帧中元件的透明度为"0"如图 9-29 所示。

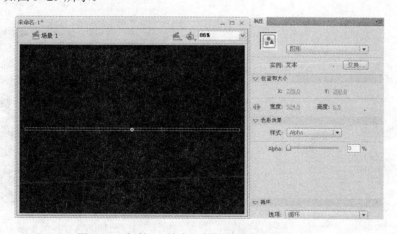

图 9-29　把第 20 帧中元件的透明度调整为"0"

11）在"图层 1"的两个关键帧之间右击，在弹出的快捷菜单中选择"创建传统补间"命令。

12）选择"视图"→"标尺"命令（快捷键为〈Ctrl+Alt+Shift+R〉），打开舞台中的标尺。

13）从标尺中拖曳出辅助线，对齐第 1 帧中文本的下方，如图 9-30 所示。

14）选中第 20 帧中的文本，把文本的下方对齐到辅助线上，如图 9-31 所示。

图 9-30　把辅助线对齐到第 1 帧文本的下方

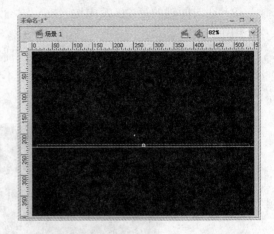

图 9-31　使第 20 帧的文本下方对齐辅助线

15）单击时间轴中的"插入图层"按钮，创建"图层 2"。

16）选择"图层 1"中的所有帧，右击，在弹出的快捷菜单中选择"复制帧"命令。

17）选择"图层 2"的第 1 帧，右击，在弹出的快捷菜单中选择"粘贴帧"命令，把"图层 1"中的动画效果直接复制到"图层 2"中，如图 9-32 所示。

提示：复制帧以后，Flash 会在"图层 2"自动生成一些多余的帧，删除掉即可。

18）选择"图层 2"中的所有帧，右击，在弹出的快捷菜单中选择"翻转帧"命令。

19）从标尺中拖曳出辅助线，对齐第 1 帧中文本的上方，如图 9-33 所示。

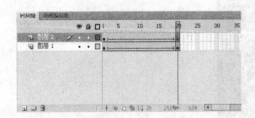

图 9-32　把"图层 1"中的动画效果直接
　　　　　复制到"图层 2"中

图 9-33　把辅助线对齐第 1 帧中文本的上方

20）把"图层 2"第 1 帧中的文本对齐辅助线的上方，如图 9-34 所示。

21）动画制作完毕。选择"控制"→"测试影片"命令（快捷键为〈Ctrl+Enter〉），在 Flash 播放器中预览动画效果，如图 9-35 所示。

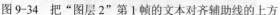

图 9-34  把"图层 2"第 1 帧的文本对齐辅助线的上方　　　　图 9-35　动画完成效果

## 9.2.2  创建形状补间动画

　　Flash CS4 中的形状补间动画只能给分离后的可编辑对象或者是对象绘制模式下生成的对象添加动画效果，使用补间形状，可以轻松地创建几何变形和渐变色改变的动画效果。下面通过一个简单的案例，来学习有关创建形状补间动画的过程和方法。制作步骤如下：

　　1）新建一个 Flash 文件。

　　2）选择工具箱中的文本工具，在属性面板中设置路径和填充样式。文本类型为"静态文本"，文本填充为"黑色"，字体为"黑体"，字体大小为"96"，如图 9-36 所示。

　　3）使用文本工具在舞台中输入文本"网"字。

　　4）按〈F7〉键分别在时间轴的第 10、20 和 30 帧插入空白关键帧。

　　5）使用文本工具，分别在第 10 帧的舞台中输入文本"页"；在第 20 帧的舞台中输入文本"顽"；在第 30 帧的舞台中输入文本"主"。这 4 个关键帧中的内容如图 9-37 所示。

图 9-36　文本工具属性设置　　　　　　　　　　　图 9-37　每个关键帧中的文本内容

　　6）依次选择每个关键帧中的文本，然后选择"修改"→"分离"命令（快捷键为〈Ctrl+B〉），把文本分离成可编辑的网格状。

7）依次选择每个关键帧中的文本。在属性面板中设置文本的填充颜色为渐变色，使每个文本的渐变色都不同，如图 9-38 所示。

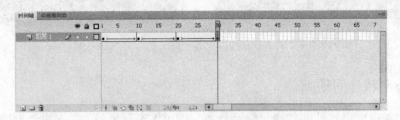

图 9-38　给每个关键帧中的文本添加渐变色

8）选择"图层 1"中的所有帧，右击，在弹出的快捷菜单中选择"创建补间形状"命令，时间轴如图 9-39 所示。

图 9-39　添加形状补间后的时间轴

9）动画制作完毕。选择"控制"→"测试影片"命令（快捷键为〈Ctrl+Enter〉），在 Flash 播放器中预览动画效果。

说明：要使用文本来制作形状补间动画，必须先把文本分离到可编辑的状态。

### 9.2.3　添加形状提示

在 Flash 中的形状补间过程中，关键帧之间的变形过程是由 Flash 软件随机生成的。如果要控制几何图形的变化过程，可以给动画添加形状提示。

说明：形状提示是一个有颜色的实心小圆点，上面标识着小写的英文字母。当形状提示位于图形的内部时，显示为红色；当位于图形的边缘时，起始帧会显示为黄色，结束帧会显示为绿色。

下面通过一个简单的案例，来学习有关形状提示的制作过程和方法。具体制作步骤如下：

1）新建一个 Flash 文件。

2）选择工具箱中的文本工具，在属性面板中设置路径和填充样式。文本类型为"静态文本"，文本填充为"黑色"，字体为"Arial"，样式为"Black"，字体大小为"150"，如图 9-40 所示。

3）使用文本工具在舞台中输入数字"1"。

4）按〈F7〉键在时间轴的第 20 帧插入空白关键帧。

5）使用文本工具，在第 20 帧的舞台中输入数字"2"。

6）依次选择每个关键帧中的文本，然后选择"修改"→"分离"命令（快捷键为〈Ctrl+B〉），把文本分离成可编辑的网格状。

7）选择"图层 1"中的任意 1 帧，右击，在弹出的快捷菜单中选择"创建补间形状"命令，时间轴如图 9-41 所示。

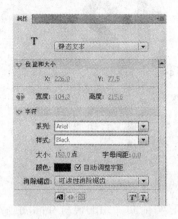

图 9-40　文本工具属性设置

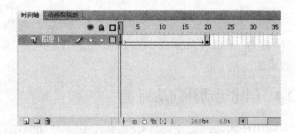

图 9-41　添加形状补间后的时间轴

8）按〈Enter〉键，在当前编辑状态中预览动画效果。这时，Flash 软件会随机生成数字 1 到 2 的变形过程，如图 9-42 所示。

9）选择第 1 帧，选择"修改"→"形状"→"添加形状提示"命令（快捷键为〈Ctrl+Shift+H〉），给动画添加形状提示。

10）这时，在舞台中的数字 1 上会增加一个红色的 a 点，同样在第 20 帧的数字 2 上也会生成同样的 a 点，如图 9-43 所示。

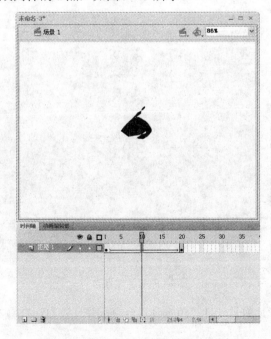

图 9-42　Flash 动画随机生成的变形过程

## 1 2

图 9-43　给动画添加形状提示

11）分别把数字 1 和数字 2 上的形状提示点 a 移动到相应的位置，如图 9-44 所示。

12）可以给动画添加多个形状提示点，在这里继续添加形状提示点 b，并且移动到相应的位置，如图 9-45 所示。

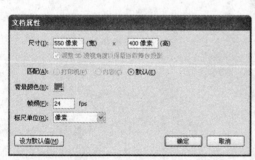

图 9-44　移动形状提示点的位置　　　　　　图 9-45　继续添加形状提示点

13）至此，使用形状提示的形状补间动画完成了。选择"控制"→"测试影片"命令（快捷键为〈Ctrl+Enter〉），在 Flash 播放器中预览动画效果。观察和没有添加形状提示时动画效果的区别。

### 9.2.4　创建运动补间动画

运动补间动画是 Flash CS4 新增的一种动画制作功能，它与前面介绍的传统补间动画没有任何区别，只是新的补间动画功能提供了更加直观的操作方式，使动画的创建变得更加简单。创建运动补间动画的步骤如下：

1）新建一个 Flash 文件。

2）选择"修改"→"文档"命令（快捷键为〈Ctrl+J〉），弹出"文档属性"对话框。

3）设置舞台的背景颜色为"绿色"，其他选项保持默认状态，如图 9-46 所示。设置完毕后，单击"确定"按钮。

4）在舞台中绘制背景效果，如图 9-47 所示。

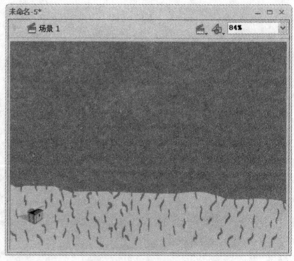

图 9-46　设置舞台的背景颜色为"黑色"　　　　图 9-47　绘制背景

5）新建"图层 2"，从库面板中拖曳影片剪辑元件"鱼"到舞台中，并且放置到如图 9-48 所示的位置。

6）右击"图层 2"的第 1 帧，在弹出的快捷菜单中选择"创建补间动画"命令，这时 Flash 会自动生成一定数量的补间帧，如图 9-49 所示。

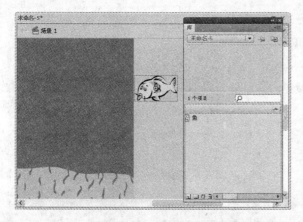

图 9-48　在舞台中放置元件

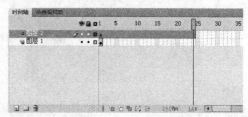

图 9-49　Flash 自动生成的补间帧

7）右击"图层 2"的第 10 帧，在弹出的快捷菜单中选择"插入关键帧"→"位置"命令，如图 9-50 所示。

图 9-50　在第 5 帧插入关键帧

**说明：**可以通过右键菜单插入的关键帧在 Flash CS4 中称之为"属性关键帧"，用户可以为这些属性关键帧设置相关的属性，详细设置也可以在动画编辑器中进行。对于一个属性关键帧，可以同时设置多种不同的属性。

8）把第 10 帧中的元件"鱼"移动到如图 9-51 所示的位置。

9）除了在鼠标右键菜单中选择此外，也可以直接按〈F6〉键，在第 20 帧和第 30 帧中插入属性关键帧，并且依次调整位置，如图 9-52 所示。

这样鱼移动的效果就制作出来了，但是这时播放动画，会发现鱼是以直线的方式进行移动的，还需要把移动的路径更改为曲线。

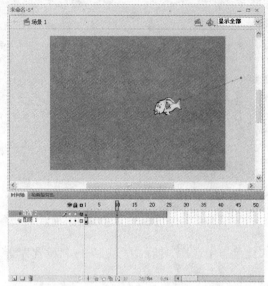
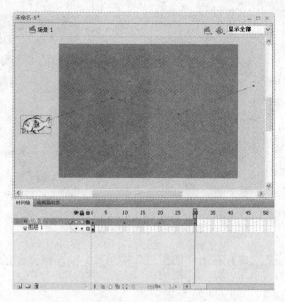

图 9-51　移动元件的位置　　　　图 9-52　插入属性关键帧并且移动元件的位置

　　10）使用选择工具，把鼠标指针移动到补间动画生成的路径上，这时在其右下角会出现一个弧线的图标，按住鼠标左键不放，拖曳补间动画的路径，即可把直线调整为曲线，如图 9-53 所示。

　　11）可以修改任意关键帧来调整补间路径，如果需要精确调整，可以使用部分选取工具，调整路径上属性关键帧的控制手柄，调整的方法和调整路径点类似，如图 9-54 所示。

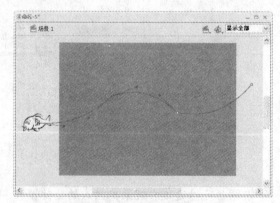

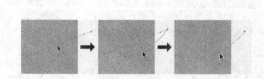

图 9-53　修改补间路径　　　　　　　图 9-54　调整补间路径点

　　12）选择"图层 1"的第 30 帧，按〈F5〉插入帧。选择"控制"→"测试影片"命令（快捷键为〈Ctrl+Enter〉），在 Flash 播放器中预览动画效果。

## 9.2.5　使用动画编辑器

　　使用动画编辑器，可以查看所有补间属性及其属性关键帧，并且可以通过设置精确参数来控制补间动画的效果。操作步骤如下：

1）新建一个 Flash 文件（ActionScript 3.0）。

2）导入素材文件"logo.png"，在弹出的"导入 Fireworks 文档"对话框中进行相应设置，如图 9-55 所示。

3）导入到舞台中的素材会自动转换为影片剪辑元件，如图 9-56 所示。

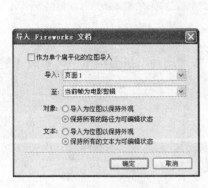

图 9-55　导入 Fireworks 文档　　　　　　　　图 9-56　导入素材到舞台中

4）使用任意变形工具，更改影片剪辑元件旋转中心点的位置到元件的正中心，如图 9-57 所示。

5）右击"图层 1"的第 1 帧，在弹出的快捷菜单中选择"创建补间动画"命令，然后选择"3D 补间"命令，如图 9-58 所示。

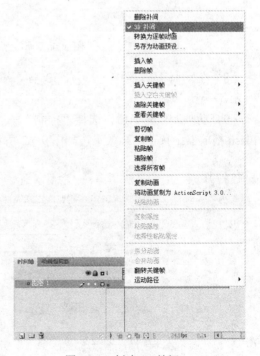

图 9-57　修改旋转中心点的位置　　　　　　　图 9-58　创建 3D 补间

6）按〈F6〉键，在第 15 帧和第 30 帧中分别插入关键帧，如图 9-59 所示。

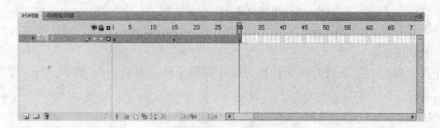

图 9-59　插入关键帧

7）打开动画编辑器，选中第 15 帧，在左侧的"基本动画"折叠菜单中，修改"旋转Y"的值为 180°，效果如图 9-60 所示。

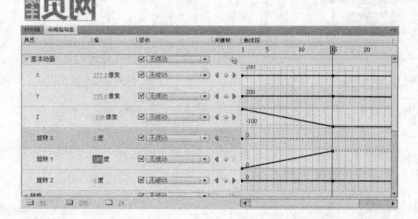

图 9-60　修改第 15 帧"旋转 Y"的值

8）在动画编辑器中选中第 30 帧，修改"旋转 Y"的值为 360°，效果如图 9-61所示。

9）动画制作完毕后，选择"控制"→"测试影片"命令（快捷键为〈Ctrl+Enter〉），在Flash 播放器中预览动画效果，如图 9-62 所示。

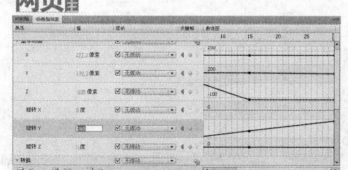

图 9-61　修改第 30 帧"旋转 Y"的值

图 9-62　动画完成效果

## 9.3 引导线动画

在一些动画制作中，要对一些对象的移动轨迹进行控制，这时可以使用引导线动画来完成。虽然使用补间动画也可以制作对象按某一路径移动的效果，但是如果需要对路径进行精确控制，引导线动画是最好的选择。下面制作一个小白兔吃萝卜的动画，具体操作步骤如下：

1）新建一个 Flash 文件。

2）使用 Flash 的绘图工具，在"图层 1"中绘制动画的背景；在"图层 2"中绘制小白兔；在图层 3 中绘制胡萝卜，如图 9-63 所示。

3）依次把这 3 个图形转换为图形元件，并在舞台中排列好位置。

4）在"图层 2"的第 20 帧按〈F6〉键，插入关键帧，并且创建补间动画，如图 9-64 所示。

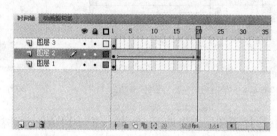

图 9-63　在舞台中绘制动画的素材　　图 9-64　在"图层 2"的第 20 帧插入关键帧，并且创建补间动画

5）分别在"图层 1"、"图层 2"和"图层 3"的第 30 帧按〈F5〉键，插入静态延长帧，如图 9-65 所示。

6）选择"图层 2"，右击，在弹出的快捷菜单中选择"添加传统运动引导层"命令，如图 9-66 所示。

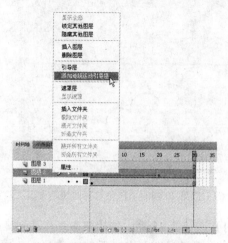

图 9-65　在所有图层的第 30 帧插入静态延长帧　　图 9-66　在"图层 2"的上方创建运动引导层

7）使用 Flash 的绘图工具，在运动引导层中绘制曲线，如图 9-67 所示。

8）选择"图层 2"的第 1 帧，把小白兔的元件注册中心点对齐曲线的起始位置，如图 9-68 所示。

图 9-67　在运动引导层中绘制曲线

图 9-68　把第 1 帧的小白兔对齐曲线起始点

9）选择"图层 2"的第 20 帧，把小白兔的元件注册中心点对齐曲线的结束位置，并在第 1 帧和第 20 帧之间创建补间动画，如图 9-69 所示。

10）在"图层 3"的第 15 帧和第 25 帧按〈F6〉键，插入关键帧，并且创建运动补间动画，如图 9-70 所示。

图 9-69　把第 20 帧的小白兔对齐曲线结束点

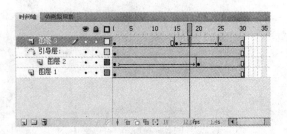

图 9-70　"图层 3"的时间轴

11）选择第 25 帧中的胡萝卜，移动到舞台的右侧，如图 9-71 所示。

12）动画制作完毕。选择"控制"→"测试影片"（快捷键：〈Ctrl+Enter〉）命令，在

Flash 播放器中预览动画效果。

图 9-71　把"图层 3"第 25 帧中的胡萝卜移动到舞台的右侧

## 9.4　遮罩动画

遮罩是将某层作为遮罩层，遮罩层的下一层是被遮罩层，只有遮罩层中填充色块下的内容可见，色块本身是不可见的。遮罩的项目可以是填充的形状、文本对象、图形元件实例和影片剪辑元件。一个遮罩层下方可以包含多个被遮罩层，按钮不能用来制作遮罩。下面通过制作几个实例来学习遮罩动画。

### 9.4.1　遮罩层动画

位于遮罩层上方的图层称之为"遮罩层"，用户可以给遮罩层制作动画，从而实现遮罩形状改变的动画效果。这里制作一个文本遮罩效果，具体操作步骤如下：

1）新建一个 Flash 文件。

2）选择工具箱中的矩形工具，在"图层 1"中绘制一个矩形。

3）选择"窗口"→"对齐"（快捷键：〈Ctrl+K〉）命令，打开 Flash 的对齐面板，把矩形匹配舞台的尺寸，并且对齐舞台的中心位置，如图 9-72 所示。

4）给矩形填充线性渐变色，使两端为白色，中间为黑色，如图 9-73 所示。

图 9-72　使用对齐面板把矩形对齐到舞台中心

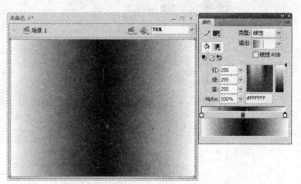

图 9-73　给矩形填充线性渐变色

5）选择工具箱中的填充变形工具，把矩形的渐变色由左右方向调整为上下方向，如图 9-74 所示。

6）单击时间轴中的"新建图层"按钮，创建"图层 2"。

7）使用工具箱的文本工具，在图层 2 的第 1 帧中输入一段文本，并且把文本对齐到舞台的下方，如图 9-75 所示。

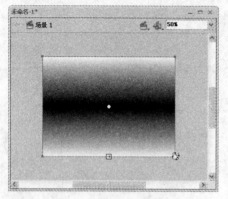

图 9-74　调整线性渐变方向

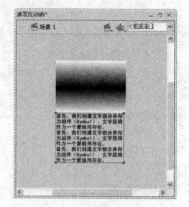

图 9-75　在舞台中添加文本

8）选择文本，按〈F8〉键，将其转换为图形元件。

9）在"图层 2"的第 30 帧按〈F6〉键，插入关键帧，并且创建补间动画。

10）在"图层 1"第 30 帧按〈F5〉键，插入静态延长帧。

11）把"图层 2"第 30 帧中的文本对齐到舞台的上方，并创建传统补间，如图 9-76 所示。

12）在"图层 2"上右击，在弹出的快捷菜单中选择"遮罩层"命令，如图 9-77 所示。

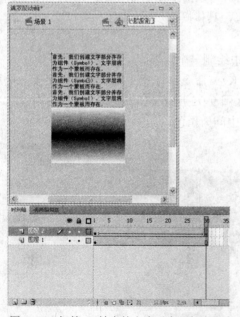

图 9-76　把第 30 帧中的文本对齐到舞台上方

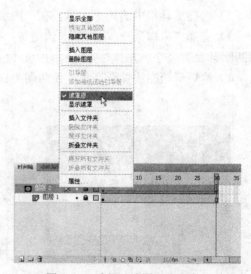

图 9-77　选择"遮罩层"命令

13）动画制作完毕。选择"控制"→"测试影片"（快捷键：〈Ctrl+Enter〉）命令，在Flash播放器中预览动画效果，如图9-78所示。

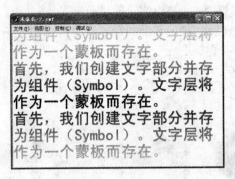

图9-78　最终动画效果

说明：在这里，被遮罩层的渐变色最终显示在文本的形状内，遮罩层中的文本颜色不会显示。通过文本由下往上进行移动，实现逐步淡入淡出的效果。

## 9.4.2　被遮罩层动画

位于遮罩层下方的图层称之为"被遮罩层"，用户也可以给被遮罩层制作动画，从而实现遮罩内容改变的动画效果。这里制作一个旋转球体的效果，具体操作步骤如下：

1）新建一个Flash文件。

2）选择"修改"→"文档"（快捷键：〈Ctrl+J〉）命令，弹出"文档属性"对话框。

3）设置舞台的背景颜色为"白色"，宽度为"200"像素，高度为"200"像素，其他选项保持默认状态，如图9-79所示。设置完毕后，单击"确定"按钮。

4）选择"文件"→"导入"→"导入到舞台"（快捷键：〈Ctrl+R〉）命令，向当前的动画中导入图片素材，如图9-80所示。

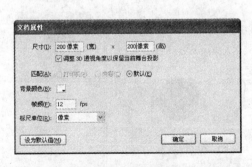

图9-79　设置文档属性

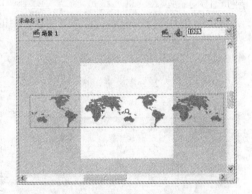

图9-80　向舞台中导入一张图片素材

5）按〈F8〉键，把图片转换为一个图形元件。

6）单击时间轴中的"新建图层"按钮，创建"图层2"。

7）选择工具箱中的椭圆工具，在"图层2"所对应的舞台中绘制一个没有边框的椭圆。

8）给"图层2"中的椭圆填充放射状渐变，如图9-81所示。

9）在"图层1"的第30帧按〈F6〉键，插入关键帧，并且创建补间动画。

10）在"图层2"的第30帧按〈F5〉键，插入静态延长帧。

11）为了便于对齐，选择"图层2"的轮廓显示模式。

12）把"图层1"中第1帧的底图和椭圆对齐到如图9-82所示的位置。

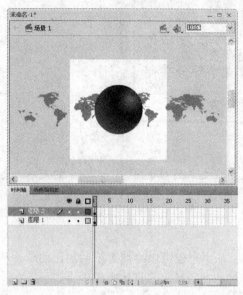 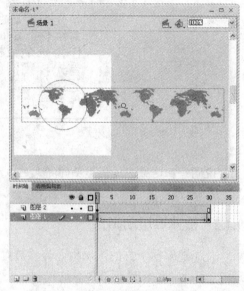

图 9-81　在"图层2"中绘制一个椭圆，并填充放射状渐变　　　图 9-82　把第1帧的底图和椭圆对齐

13）把"图层2"中第30帧的底图和椭圆对齐到如图9-83所示的位置。

14）右击"图层2"，在弹出的快捷菜单中选择"遮罩层"命令。

15）单击时间轴中的"新建图层"按钮，在"图层2"的上方创建"图层3"。

16）按〈Ctrl+L〉键，打开当前影片的库面板，把图形元件椭圆拖曳到"图层3"的舞台中。

17）使用对齐面板，把"图层3"中的椭圆对齐到舞台的中心位置，如图9-84所示。

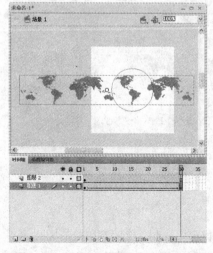 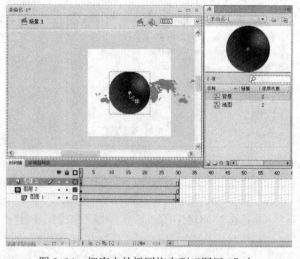

图 9-83　把第30帧的底图和椭圆对齐　　　　　　　　图 9-84　把库中的椭圆拖曳到"图层3"中

18）选择"图层 3"中的图形元件，在属性面板中设置透明度为"70"，如图 9-85 所示。

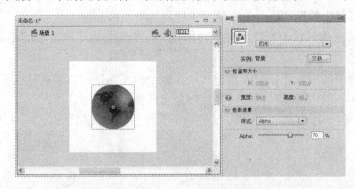

图 9-85　设置"图层 3"中椭圆的透明度为"70"

19）按〈Shift〉键，选择"图层 1"和"图层 2"中的所有帧，右击，在弹出的快捷菜单中选择"复制帧"命令。

20）单击时间轴中的"新建图层"按钮，在"图层 3"的上方创建"图层 4"。

21）右击"图层 4"的第 1 帧，在弹出的快捷菜单中选择"粘贴帧"命令，把"图层 1"和"图层 2"中的所有内容粘贴到"图层 4"中，如图 9-86 所示。

22）选择"图层 5"中的所有帧，右击，在弹出的快捷菜单中选择"翻转帧"命令。

23）动画制作完毕。选择"控制"→"测试影片"（快捷键：〈Ctrl+Enter〉）命令，在 Flash 播放器中预览动画效果，如图 9-87 所示。

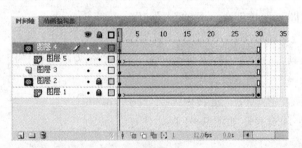

图 9-86　把"图层 1"和"图层 2"的内容复制到"图层 4"和"图层 5"中　　　图 9-87　最终动画效果

说明：在这里，动画的内容都显示在一个椭圆的形状内，能够有自转的效果，是因为有两个遮罩动画，但是这两个动画的移动方向相反。在"图层 3"中添加透明度为"70"的椭圆的目的是为了遮盖住下方的遮罩动画，让它颜色加深，看起来像是阴影。

## 9.5　复合动画

利用影片剪辑元件和图形元件来制作动画的局部，可以实现复合动画的效果。复合的概念很简单，就是在元件的内部有一个动画效果，然后把这个元件拿到场景里再制作另一个动画效果，在预览动画的时候两种效果可以重叠在一起。

掌握复合动画的制作技巧，可以轻松地制作复杂的动画效果。下面制作一个跳动的小球动画，具体操作步骤如下：

1）新建一个 Flash 文件。

2）选择工具箱中的椭圆工具，在舞台中绘制一个正圆。

3）给正圆填充放射状渐变色，并且使用填充变形工具，把渐变色的中心点调整到椭圆的左上角，如图 9-88 所示。

4）选择舞台中的椭圆，按〈F8〉键转换为一个图形元件。

5）选择所转换的图形元件，继续按〈F8〉键转换为一个影片剪辑元件。

6）在舞台中的影片剪辑元件上双击，进入到元件的编辑状态，如图 9-89 所示。

图 9-88 调整小球的渐变色　　　　　　　图 9-89 进入到影片剪辑元件的编辑状态

7）分别在"图层 1"的第 15 帧和第 30 帧按〈F6〉键，插入关键帧，并且创建补间动画。

8）把第 15 帧中的小球垂直往下移动，如图 9-90 所示。

9）选择"图层 1"的第 1 帧，在属性面板中设置"缓动"为"-100"；选择第 15 帧，设置"缓动"为"100"。

10）单击时间轴中的"新建图层"按钮，创建"图层 2"。

11）使用选择工具把"图层 2"拖曳到"图层 1"的下方。

12）选择工具箱中的椭圆工具，在舞台中绘制一个椭圆，并填充为深灰色，用来制作小球的阴影。

13）选择"图层 2"中的椭圆，按〈F8〉键转换为一个图形元件。

14）把椭圆和第 15 帧中的小球对齐，如图 9-91 所示。

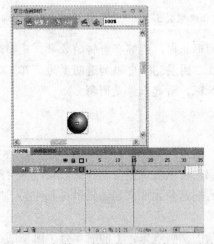 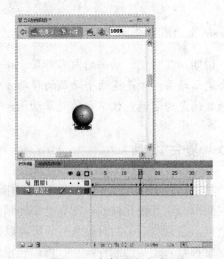

图 9-90 把第 15 帧中的小球垂直往下移动　　　　图 9-91 把椭圆和小球对齐

15）分别在"图层2"的第15帧和第30帧按〈F6〉键，插入关键帧，并且创建补间动画。

16）把"图层2"第1帧和第30帧中的椭圆适当缩小。

17）选择"图层2"的第1帧，在属性面板中设置"缓动"为"-100"；选择第15帧，设置"缓动"为"100"。

18）单击时间轴左上角的"场景1"按钮，返回场景的编辑状态。

19）把场景中的影片剪辑元件对齐到舞台的左侧。

20）在"图层1"的第30帧按〈F6〉键，插入关键帧，并且创建补间动画，如图9-92所示。

21）把场景中第30帧中的影片剪辑元件移动到舞台的右侧。

22）动画制作完毕，选择"控制"→"测试影片"（快捷键：〈Ctrl+Enter〉）命令，在Flash播放器中预览动画效果，如图9-93所示。

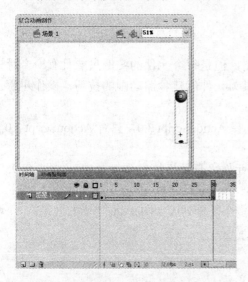

图9-92　在场景中给影片剪辑元件制作动画

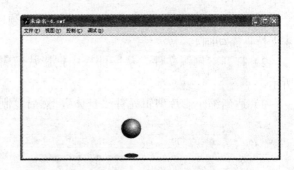

图9-93　预览动画效果

　　**说明**：这时小球只会弹跳一次，如果需要让小球弹跳多次，可以把场景中的帧数延长为影片剪辑元件帧数的整数倍即可。

## 9.6　骨骼动画

　　在Flash CS4中，引入了专业动画软件所支持的骨骼动画，使得Flash对角色动画的支持提升到了一个新的高度。骨骼动画是一种使用骨骼的有关节结构，对一个对象或彼此相关的一组对象进行动画处理的方法。使用骨骼，元件实例和形状对象可以按复杂而自然的方式移动，只需做很少的设计工作。例如，通过反向运动可以轻松地创建人物动画，如胳膊、腿和面部表情，如图9-94所示。

　　可以向单独的元件实例或单个形状的内部添加骨骼。在一个骨骼移动时，与启动运动的骨骼相关的其他连接骨骼也会移动。在使用反向运动进行动画处理时，只需指定对象的开始位置和结束位置即可。通过反向运动，还可以轻松地创建自然的运动。

图 9-94　骨骼动画

### 9.6.1　使用骨骼工具为元件添加骨骼

使用骨骼工具可以向元件的实例内部添加骨骼，但是每个元件的实例只能具有一个骨骼。下面通过一个简单的实例来说明使用骨骼工具为元件创建骨骼动画的技巧，操作步骤如下：

1）新建一个 Flash CS4 文档（文档类型必须选择 ActionScript 3.0，只有 ActionScript 3.0才支持骨骼动画）。

2）打开案例源文件，从库面板中把影片剪辑元件"身体"拖曳到舞台中，如图 9-95所示。

3）适当缩小影片剪辑元件"身体"，然后复制多个，排列成如图 9-96 所示的效果。

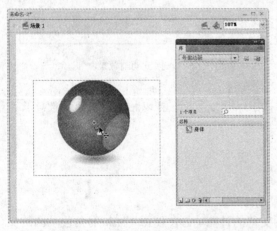
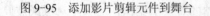

图 9-95　添加影片剪辑元件到舞台

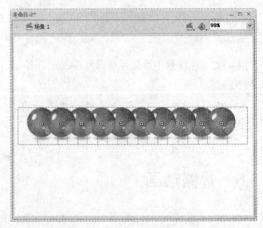

图 9-96　排列影片剪辑元件

4）然后从库面板中拖曳影片剪辑元件"头"到舞台中，并放置到如图 9-97 所示的位置。

5）选择工具箱中的骨骼工具，从最右侧的身体开始，按住鼠标左键不放，往左侧的身体上进行拖曳，创建关联骨骼，如图 9-98 所示。

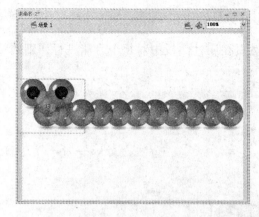

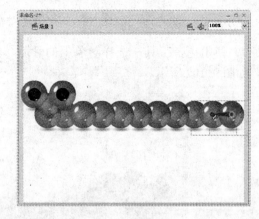

图 9-97　添加影片剪辑元件到舞台　　　　　　　图 9-98　创建骨骼

6）使用同样的方法，为所有的身体部分都创建骨骼的关联，如图 9-99 所示。

7）此时，最右侧的第一个"身体"部分把身体的其他部分覆盖住了，可以单独选中这个元件，然后选择"修改"→"排列"→"移置底层"命令进行调整，如图 9-100 所示。

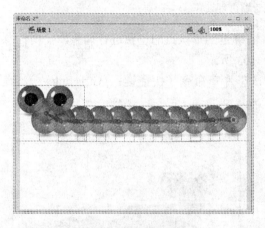

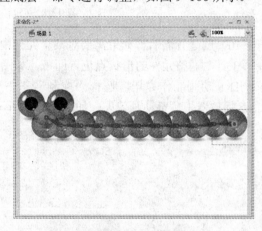

图 9-99　创建身体骨骼关联　　　　　　　图 9-100　改变元件的叠加顺序

8）一旦创建骨骼后，所有被骨骼关联的元件都会移动到 Flash CS4 的"骨架"图层中，选中"骨架"图层的第 1 帧，然后在属性面板的"类型"下拉列表框中选择"运行时"，即可在预览后任意拖曳动画中的影片剪辑元件了，如图 9-101 所示。

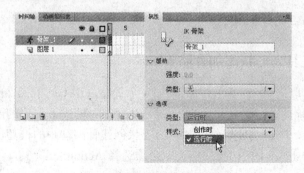

图 9-101　更改骨骼动画类型

**提示：**需要注意的是，这种拖曳控制只对影片剪辑元件有效。

9）使用选择工具，选择对象上的骨骼，然后在属性面板中对每个骨骼进行详细的设置，如图9-102所示。

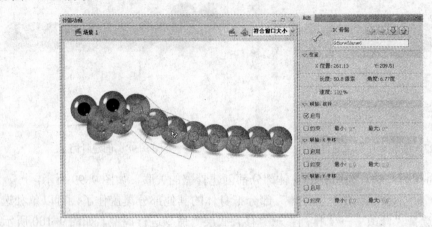

图9-102　对任意骨骼进行设置

10）创建骨骼后，如果需要对某个元件中骨骼绑定的形状点的位置进行调整，使用任意变形工具，调整元件的形状点位置即可，如图9-103所示。

11）动画制作完毕。选择"控制"→"测试影片"命令（快捷键：〈Ctrl+Enter〉），在Flash播放器中预览动画效果，如图9-104所示。

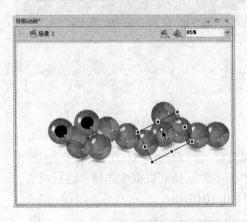

图9-103　调整骨骼绑定的形状点位置

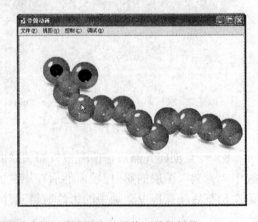

图9-104　最终预览的效果

## 9.6.2　使用骨骼工具为形状添加骨骼

使用骨骼工具可以向单个形状的内部添加多个骨骼，这不同于元件的实例（每个实例只能具有一个骨骼），除此之外，还可以向在"对象绘制"模式下创建的形状添加骨骼。下面通过一个简单的实例，来说明使用骨骼工具为形状创建骨骼动画的技巧，操作步骤如下：

1）新建一个Flash CS4文档（文档类型必须选择ActionScript 3.0，只有ActionScript 3.0才支持骨骼动画）。

2）在舞台中绘制一个植物的图形，也可以使用光盘中所提供的素材，如图 9-105 所示。需要注意的是，这里并不需要把对象转换为元件。

3）使用骨骼工具，从植物底部开始，按住鼠标左键不放，往植物的上方进行拖曳，创建骨骼，如图 9-106 所示。

4）这时 Flash 会自动把这个矢量图形转换为一个"IK"对象，继续使用骨骼工具，按照植物的形状创建多个连续的骨骼，如图 9-107 所示。

图 9-105　绘制矢量图形

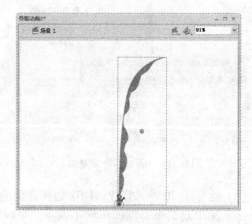

图 9-106　创建连续骨骼

5）一旦创建骨骼后，所有被骨骼关联的元件都会移动到 Flash CS4 的"骨架"图层中，如图 9-108 所示。

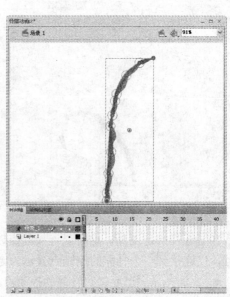

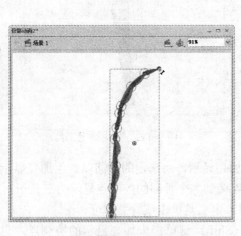

图 9-107　创建骨骼

图 9-108　"骨架"图层

6）分别选中"骨架_1"图层的第 10 帧、第 20 帧和第 30 帧，右击，在弹出的快捷菜单中选择"插入姿势"命令，如图 9-109 所示。

7）使用选择工具，选择第 10 帧，修改该帧中植物骨架的位置，如图 9-110 所示。

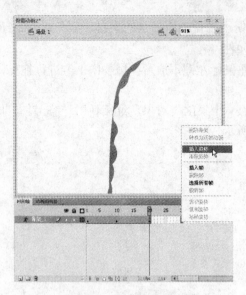

图 9-109　插入姿势关键帧

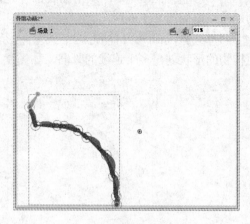

图 9-110　修改植物的姿势

8）选择第 20 帧，修改该帧中植物骨架的位置，如图 9-111 所示。

9）如果对某个骨骼的形状不满意，可以使用绑定工具选中这个骨骼，然后编辑单个骨骼和形状控制点之间的连接。这样，就可以控制在每个骨骼移动时笔触扭曲的方式，从而获得更满意的结果，如图 9-112 所示。

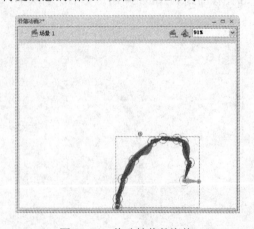

图 9-111　修改植物的姿势

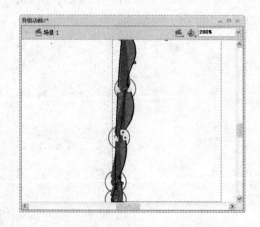

图 9-112　使用绑定工具

10）选择绑定工具，这时已连接的点以黄色加亮显示，而选定的骨骼以红色加亮显示。并且，仅连接到一个骨骼的控制点显示为方形，连接到多个骨骼的控制点显示为三角形。

● 要加亮显示已连接到骨骼的控制点，使用绑定工具单击该骨骼即可。

● 若向选定的骨骼添加控制点，可以按住〈Shift〉键单击未加亮显示的控制点，也可以通过按住〈Shift〉键拖动来选择要添加到选定骨骼的多个控制点。

● 要从骨骼中删除控制点，可以按住〈Ctrl〉键单击以黄色加亮显示的控制点，也可以通过按住〈Ctrl〉键拖动来删除选定骨骼中的多个控制点。

● 要加亮显示已连接到控制点的骨骼，使用绑定工具单击该控制点，则已连接的骨骼以黄色加亮显示，而选定的控制点以红色加亮显示。

● 要向选定的控制点添加其他骨骼，按住〈Shift〉键单击骨骼即可。

● 要从选定的控制点中删除骨骼，按住〈Ctrl〉键单击以黄色加亮显示的骨骼即可。

11．动画制作完毕。选择"控制"→"测试影片"命令（快捷键：〈Ctrl+Enter〉），在 Flash 播放器中预览动画效果，如图 9-113 所示。

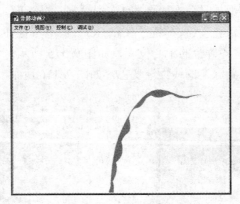

图 9-113　最终预览的效果

## 9.7　案例上机操作

在 Flash 中还可以结合引导层和遮罩层的效果来制作复杂效果的动画。如果需要有多个动画效果同时出现，则需要由多个动画复合制作来完成。下面结合两个案例，来介绍 Flash 中的高级动画制作技巧。

### 9.7.1　探照灯效果

#### 1．案例欣赏

制作一个"探照灯效果"卡通动画，在舞台中会有一个圆形的探照灯来回移动，当移动到文本上时可以改变文本的颜色，如图 9-114 所示。

图 9-114　探照灯动画效果

**2．思路分析**

这个例子是通过制作遮罩层动画来实现的探照灯效果。文本的颜色不同是因为文本有两个不同的图层，每个图层中文本的颜色效果不一样。

**3．实现步骤**

1）新建一个 Flash 文件。

2）选择工具箱中的矩形工具，在"图层 1"中绘制一个矩形。

3）选择"窗口"→"对齐"（快捷键:〈Ctrl+K〉）命令，打开 Flash 的对齐面板，把矩形匹配舞台的尺寸，并且对齐舞台的中心位置，如图 9-115 所示。

4）给矩形填充由浅灰到深灰的线性渐变色，如图 9-116 所示。

图 9-115　使用对齐面板把矩形对齐到舞台中心

图 9-116　给矩形填充线性渐变色

5）选择工具箱中的渐变变形工具，把矩形的渐变色由左右方向调整为上下方向，如图 9-117 所示。

6）选择工具箱中的文本工具，在舞台中输入文本"网页顽主 www.go2here.net.cn"。

7）在属性面板中设置文本的填充颜色为"灰色"，如图 9-118 所示。

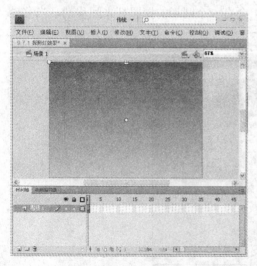
图 9-117　调整线性渐变方向

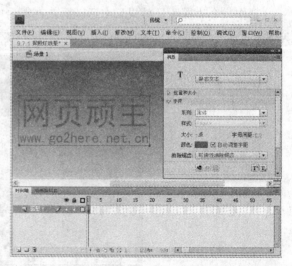
图 9-118　调整文本颜色

224

8）打开滤镜面板，给文本添加投影滤镜，滤镜设置保持默认即可，如图9-119所示。

图9-119 给文本添加投影滤镜

9）单击时间轴中的"新建图层"按钮，创建"图层2"。

10）右击"图层1"中的第1帧，在弹出的快捷菜单中选择"复制帧"命令。

11）右击"图层2"的第1帧，在弹出的快捷菜单中选择"粘贴帧"命令，把"图层1"中的所有内容粘贴到"图层2"中。

12）使用混色器面板，把"图层2"中的矩形颜色更改为较浅的灰色渐变。

13）把"图层2"中文本的滤镜删除，把文本的颜色填充为"白色"，如图9-120所示。

14）分别在"图层1"和"图层2"的第30帧按〈F5〉键，插入静态延长帧。

15）单击时间轴中的"新建图层"按钮，在"图层2"的上方创建"图层3"。

16）使用工具箱中的椭圆工具，在舞台中绘制一个正圆，并且对齐到舞台的最左侧，如图9-121所示。

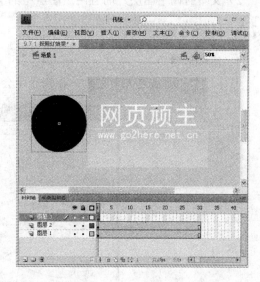

图9-120 调整"图层2"中矩形和文本的颜色　　图9-121 在"图层3"所对应的舞台中绘制一个正圆

17）选择舞台中的正圆，按〈F8〉键，转换为图形元件。

18）在"图层3"的第15帧和第30帧按〈F6〉键，插入关键帧，并且创建运动补间动画。

19）把第15帧的正圆移动到舞台的最右侧，如图9-122所示。

20）右击"图层3"，在弹出的快捷菜单中选择"遮罩层"命令。

21）动画制作完毕。选择"控制"→"测试影片"（快捷键：〈Ctrl+Enter〉）命令，在Flash播放器中预览动画效果，如图9-114所示。

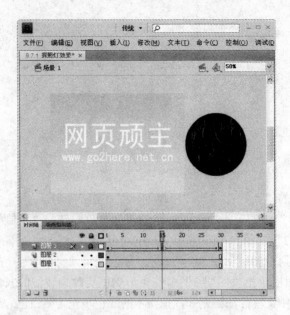

图 9-122　调整第 15 帧的正圆位置

### 4．操作技巧

1）通过使用"复制帧"命令可以快速复制关键帧中的内容。

2）文本有两个图层，而且两个图层中的文本效果不一样，遮罩只遮上方的图层。

## 9.7.2　科技之光

### 1．案例欣赏

制作一个"科技之光"动画，在舞台中会有 3 个小球围绕椭圆移动，如图 9-123 所示。

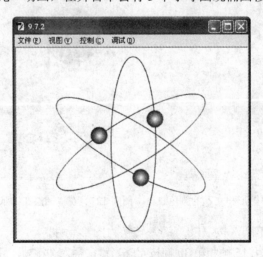

图 9-123　科技之光动画效果

### 2．思路分析

这个例子通过制作引导线动画来实现小球围绕椭圆移动的效果。动画中的 3 个小球移动的效果相同，可以把动画制作在影片剪辑元件中，以便反复调用。

### 3. 实现步骤

1）新建一个 Flash 文件。

2）选择工具箱中的椭圆工具，在舞台中绘制一个正圆。

3）给正圆填充放射状渐变色，并且使用填充变形工具，把渐变色的中心点调整到椭圆的左上角，如图 9-124 所示。

4）选择舞台中的椭圆，按〈F8〉键转换为一个图形元件。

5）选择所转换的图形元件，继续按〈F8〉键转换为一个影片剪辑元件。

6）在舞台中的影片剪辑元件上双击，进入到元件的编辑状态，如图 9-125 所示。

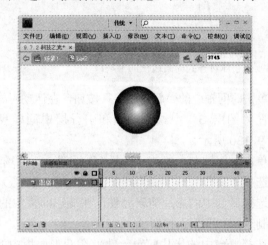

图 9-124　调整小球的渐变色　　　　图 9-125　进入到影片剪辑元件的编辑状态

7）在"图层 1"的第 30 帧按〈F6〉键，插入关键帧，并且创建补间动画。

8）单击时间轴中的"添加传统运动引导层"按钮，添加传统运动引导层，如图 9-126 所示。

9）使用椭圆工具，在运动引导层中绘制一个只有边框，没有填充色的椭圆。

10）放大视图的显示比例，使用选择工具，删除椭圆的一小部分，如图 9-127 所示。

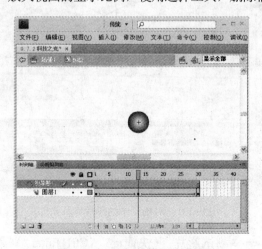

图 9-126　添加传统运动引导层　　　　图 9-127　删除椭圆的一小部分

227

11）使用选择工具，把"图层1"中第1帧的小球和椭圆边框的上缺口对齐，如图9-128所示。

12）使用选择工具，把"图层1"中第30帧的小球和椭圆边框的下缺口对齐，如图9-129所示。

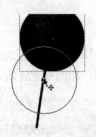

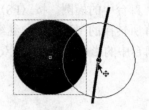

图9-128　把小球对齐到椭圆边框的上缺口　　　　图9-129　把小球对齐到椭圆边框的下缺口

13）单击时间轴中的"新建图层"按钮，在运动引导层的上方创建"图层3"。

14）在"图层3"中绘制一个和引导层中同样尺寸的椭圆边框，并对齐到相同的位置，如图9-130所示。

15）单击时间轴左上角的"场景1"按钮，返回场景的编辑状态。

16）选择"窗口"→"变形"（快捷键：〈Ctrl+T〉）命令，打开Flash的变形面板。

17）选择舞台中的影片剪辑元件，在变形面板中的"旋转"文本框中输入"120"，然后单击"重制选区和变形"按钮。

18）选择舞台中的影片剪辑元件，在变形面板中的"旋转"文本框中输入"-120"，然后单击"重制选区和变形"按钮，如图9-131所示。

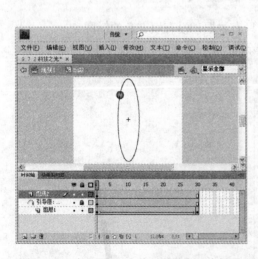

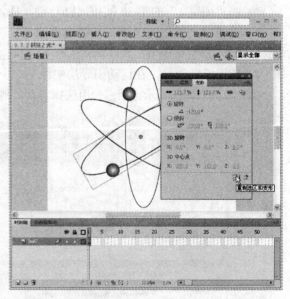

图9-130　在"图层3"中继续绘制一个椭圆　　　　图9-131　对场景中的影片剪辑元件复制并旋转

19）动画制作完毕。选择"控制"→"测试影片"（快捷键：〈Ctrl+Enter〉）命令，在Flash播放器中预览动画效果，如图9-123所示。

**4. 操作技巧**

1）同样的动画效果可以制作在影片剪辑元件中，以便重复调用。

2）在制作引导层动画的时候，引导层中的路径一般都是不闭合的。

3）最终预览动画，引导层是不可见的，所以必须新建一个普通的图层来绘制一个同样的椭圆边框。

## 9.8 习题

**1. 选择题**

（1）对于创建逐帧动画，说法正确的是（　　）。

    A. 不需要将每一帧都定义为关键帧

    B. 在初始状态下，每一个关键帧都应该包含和前一关键帧相同的内容

    C. 逐帧动画一般不应用于复杂的动画制作

    D. 以上说法都错误

（2）（　　）不能用来制作运动补间。

    A. 图形元件

    B. 影片剪辑元件

    C. 按钮元件

    D. 分离后的对象

（3）使用运动补间不能实现的效果是（　　）。

    A. 改变大小

    B. 改变位置

    C. 改变渐变色

    D. 改变单色

（4）（　　）可以用来制作补间形状。

    A. 图形元件

    B. 影片剪辑元件

    C. 按钮元件

    D. 分离后的对象

（5）要制作文本变形的动画效果，必须对文本进行（　　）操作。

    A. 复制

    B. 组合

    C. 分离

    D. 投影

（6）关于遮罩，下列说法错误的是（　　）。

    A. 通过遮罩层的小孔来显示内容的层在遮罩层的下面

    B. 对于遮罩层上的位图图像、过渡颜色和线条样式等，Flash 都将忽略

    C. 遮罩层上的任何填充区域都将是不透明的，非填充区域都将是透明的

    D. 在遮罩层上没有必要创建有过渡颜色的对象

（7）关于图形元件的叙述，下列说法正确的是（　　）。

    A．用来创建可重复使用的，并依赖于主电影时间轴的动画片段

    B．用来创建可重复使用的，但不依赖于主电影时间轴的动画片段

    C．可以在图形元件中使用声音

    D．可以在图形元件中使用交互式控件

（8）在制作引导线动画时，引导图层和动画图层的位置关系是（　　）。

    A．引导层在动画图层之下

    B．引导层在动画图层之中

    C．引导层在动画图层之上

    D．引导层在动画图层之后

（9）复合动画的概念是（　　）。

    A．把所有的动画都制作在元件内

    B．直接拿图形元件创建动画

    C．把影片剪辑元件拿到场景中创建动画

    D．在元件内制作动画，然后把元件拿到场景中继续创建动画

（10）下面说法错误的是（　　）。

    A．遮罩层可以制作动画

    B．被遮罩层可以制作动画

    C．遮罩层在被遮罩层的上方

    D．遮罩层在被遮罩层的下方

## 2．操作题

（1）制作一个简单的逐帧动画。

（2）使用运动补间制作一个跳动的小球效果。

（3）使用补间形状制作自己姓名的文本变形动画。

（4）在文本变形动画的基础上添加形状提示，控制变形过程。

（5）制作一个简单的引导层动画。

（6）制作一个简单的遮罩层动画。

（7）制作一个简单的被遮罩层动画。

（8）制作一个简单的复合动画效果。

（9）制作一个简单的骨骼动画。

# 第 10 章　Flash CS4 声音编辑

**本章要点**
- 了解 Flash CS4 中的声音
- 在 Flash 中添加声音
- 编辑声音
- 设置声音属性

Flash CS4 提供了许多使用声音的方式，可以使声音独立于时间轴连续播放，或使动画和一个音轨同步播放。给按钮元件添加声音可以使按钮具有更好的交互效果，通过声音的淡入淡出还可以使声音更加自然。

## 10.1　添加声音

Flash CS4 支持最主流的声音文件格式，用户可以根据动画的需要添加任意的声音文件。在 Flash 中，声音可以添加到时间轴的帧上，或者按钮元件的内部。

### 10.1.1　Flash 中的声音文件

用户可以将下列的声音格式导入到 Flash CS4 中：
- WAV（仅限 Windows）
- AIFF（仅限 Macintosh）
- MP3（Windows 或 Macintosh）

如果系统安装了 QuickTime 4 或更高版本，则还可以导入以下声音格式：
- AIFF（Windows 或 Macintosh）
- Sound Designer II（仅限 Macintosh）
- 只有声音的 QuickTime 影片（Windows 或 Macintosh）
- Sun AU（Windows 或 Macintosh）
- System 7 声音（仅限 Macintosh）
- WAV（Windows 或 Macintosh）

当用户需要把某个声音文件导入到 Flash 中时，可以按下面的操作步骤来完成：

1）选择"文件"→"导入"→"导入到舞台"（快捷键：〈Ctrl+R〉）命令，弹出"导入"对话框，如图 10-1 所示。

2）选择需要导入的声音文件，然后单击"打开"按钮。

3）导入的声音文件会自动出现在当前影片的库面板中，如图 10-2 所示。

图 10-1　选择要导入的声音文件

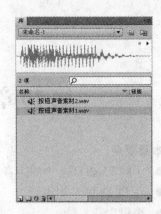
图 10-2　库面板中的单声道声音文件

4）在库面板的预览窗口中，如果显示的是一条波形，则导入的是单声道的声音文件，如图 10-2 所示；如果显示的是两条波形，则导入的是双声道的声音文件，如图 10-3 所示。

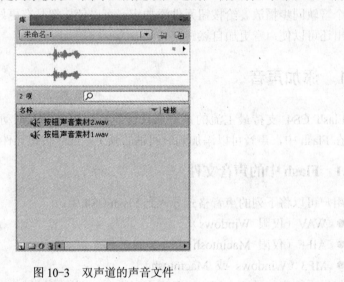
图 10-3　双声道的声音文件

## 10.1.2　为关键帧添加声音

为了给 Flash 动画添加声音，可以把声音添加到影片的时间轴上。用户通常要建立一个新的图层来放置声音，在一个影片文件中可以有任意数量的声音图层，Flash 会对这些声音进行混合。但是太多的图层会增加影片文件的大小，而且太多的图层也会影响动画的播放速度。下面通过一个简单的实例，来说明如何将声音添加到关键帧上，具体操作步骤如下：

1）新建一个 Flash 文件。

2）从外部导入一个声音文件。

3）单击时间轴中的"新建图层"按钮，创建"图层 2"。

4）选择"窗口"→"库"（快捷键：〈Ctrl+L〉）命令，打开 Flash 的库面板。

5）把〈库〉面板中的声音文件拖曳到"图层 2"所对应的舞台中。

**提示**：声音文件只能拖曳到舞台中，不能拖曳到图层上。

6）这时在时间轴上会出现声音的波形，但是却只有一帧，所以看不见，如图 10-4 所示。

7）要将声音的波形显示出来，在"图层 2"靠后的任意一帧插入一个静态延长帧即可，如图 10-5 所示。

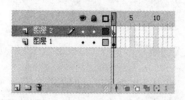 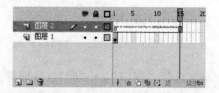

图 10-4　添加声音后的时间轴　　　　图 10-5　在时间轴中显示声音的波形

8）如果要使声音和动画播放的时间相同，则需要计算声音总帧数，用声音文件的总时间（单位秒）×12 即可得出声音文件的总帧数。

**说明**：声音文件只能够添加到时间轴的关键帧上，和动画一样，也可以设置不同的起始帧数。

### 10.1.3　为按钮添加声音

在 Flash CS4 中，可以很方便地为按钮元件添加声音效果，从而增强交互性。按钮元件的 4 种状态都可以添加声音，即可以在指针经过、按下、弹起和点击帧中设置不同的声音效果。下面通过一个简单的实例来说明如何给按钮元件添加声音，具体操作步骤如下：

1）新建一个 Flash 文件。

2）从外部导入一个声音文件。

3）选择舞台中需要添加声音的按钮元件，双击进入到按钮元件的编辑状态，如图 10-6 所示。

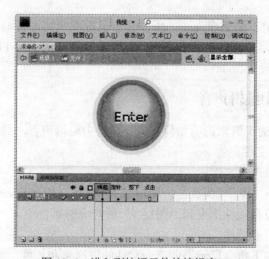

图 10-6　进入到按钮元件的编辑窗口

4）单击时间轴中的"新建图层"按钮，创建"图层 2"。

5）选择时间轴中的"按下"状态，按〈F7〉键，插入空白关键帧，如图 10-7 所示。

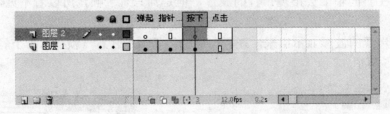

图 10-7　在"按下"状态插入空白关键帧

6）选择"窗口"→"库"（快捷键：〈Ctrl+L〉）命令，打开 Flash 的库面板。

7）把库面板中的声音文件拖曳到图层 2"按下"状态所对应的舞台中，如图 10-8 所示。

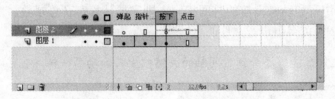

图 10-8　在"按下"状态添加声音

8）单击时间轴左上角的"场景 1"按钮，返回场景的编辑状态。

9）选择"控制"→"测试影片"（快捷键：〈Ctrl+Enter〉）命令，在 Flash 播放器中预览动画效果。

说明：要让按钮在不同的状态下有声音效果，直接把声音添加到相应的状态中即可。

## 10.2　编辑声音效果

Flash 最主要的作用不是处理声音，所以并不具备专业的声音编辑软件功能。但是如果仅仅是为了给动画配音，那么 Flash CS4 还是完全可以胜任的。在 Flash CS4 中，可以通过属性面板来完成声音的设置。

### 10.2.1　在属性面板中编辑声音

下面通过一个简单的实例来说明如何在属性面板中编辑声音，具体操作步骤如下：

1）新建一个 Flash 文件。

2）从外部导入一个声音文件。

3）选择"窗口"→"库"（快捷键：〈Ctrl+L〉）命令，打开 Flash 的库面板。

4）把库面板中的声音文件拖曳到"图层 1"所对应的舞台中。

5）选择图层中的声音文件。

6）在属性面板的左下角会显示当前声音文件的取样率和长度，如图 10-9 所示。

7）如果这时不需要声音，那么可以在属性面板的"名称"下拉列表中选择"无"，如图10-10所示。

图10-9　声音的属性面板　　　　　图10-10　删除声音的操作

8）如果需要把短音效重复地播放，可以在属性面板的"循环次数"文本框中输入需要重复的次数即可，如图10-11所示。

9）在属性面板的"同步"下拉列表中可以选择声音和动画的配合方式，如图10-12所示。

图10-11　设置声音的循环次数　　　　图10-12　声音的同步模式

- 事件：该选项会将声音和一个事件的发生过程同步起来。事件声音在它的起始关键帧开始显示时播放，并独立于时间轴播放完整个声音，即使Flash文件停止也继续播放。当播放发布的Flash文件时，事件声音会混合在一起。
- 开始：该选项与"事件"选项的功能相似，但如果声音正在播放，使用"开始"选项则不会播放新的声音实例。
- 停止：即停止声音的播放。
- 数据流：该选项将同步声音，以便在网络上同步播放。所谓的"流"，简单来说就是一边下载一边播放，下载了多少就播放多少。但是它也有一个弊端，就是如果动画下载进度比声音快，没有播放的声音就会直接跳过，接着播放当前帧中的声音。

10）在属性面板的"效果"下拉列表中选择声音的各种变化效果，如图10-13所示。

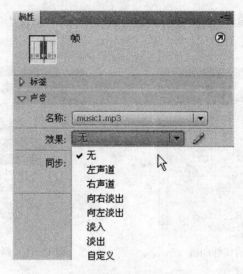

图 10-13  选择声音的效果

- 无：不对声音文件应用效果，选择此选项可以删除以前应用过的效果。
- 左声道/右声道：只在左或右声道中播放声音。
- 从左淡出/从右淡出：将声音从一个声道切换到另一个声道。
- 淡入：在声音的持续时间内逐渐增加音量。
- 淡出：在声音的持续时间内逐渐减小音量。
- 自定义：可以通过使用"编辑封套"创建自己的声音淡入和淡出效果。

11）声音编辑完毕，选择"控制"→"测试影片"（快捷键：〈Ctrl+Enter〉）命令，在 Flash 播放器中预览动画声音效果。

## 10.2.2  在"编辑封套"对话框中编辑声音

如果对 Flash 中所提供的默认声音效果不满意，可以单击属性面板中的"编辑"按钮自定义声音效果。这时，Flash CS4 会打开声音的"编辑封套"对话框，如图 10-14 所示。其中，上方区域表示声音的左声道，下方区域表示声音的右声道。下面通过一个简单的实例来说明如何在属性面板中编辑声音，具体操作步骤如下：

1）新建一个 Flash 文件。

2）从外部导入一个声音文件。

3）选择"窗口"→"库"（快捷键：〈Ctrl+L〉）命令，打开 Flash 的库面板。

4）把库面板中的声音文件拖曳到"图层 1"所对应的舞台中。

5）打开"编辑封套"对话框，如图 10-14 所示。

6）要在秒和帧之间切换时间单位，可以单击"秒"按钮或"帧"按钮，如图 10-15 所示。

7）要改变声音的起始点和终止点，可以拖曳"编辑封套"对话框中的"开始时间"和"停止时间"控件，如图 10-16 所示。

8）可以拖曳封套手柄来改变声音中不同点处的音量，封套线显示声音播放时的音量。

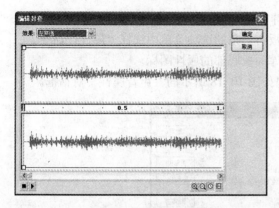
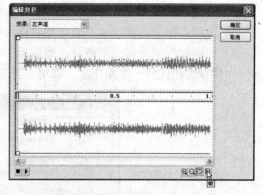

图 10-14　声音的编辑封套　　　　　　　　图 10-15　切换时间单位

9）单击封套线可以创建其他封套手柄（最多可以创建 8 个）。要删除封套手柄，直接将其拖曳到窗口外即可，如图 10-17 所示。

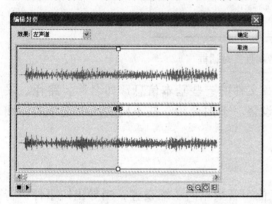
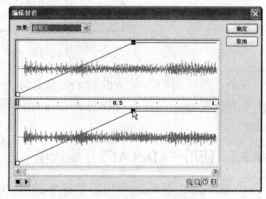

图 10-16　选择声音的效果　　　　　　　　图 10-17　更改声音封套

10）声音编辑完毕，选择"控制"→"测试影片"（快捷键：〈Ctrl+Enter〉）命令，在 Flash 播放器中预览动画声音效果。

## 10.3　压缩声音

在输出影片时，对声音设置不同的取样率和压缩比，对影片中声音播放的质量和大小影响很大，压缩比越大、取样率越低，影片中声音所占的空间就越小、回放质量就越差，因此，在实际的输出过程中，应该兼顾这两方面。

通过选择压缩选项可以控制导出影片文件中的声音品质和大小。使用"声音属性"对话框可以为单个声音选择压缩选项，而在文档的"发布设置"对话框中可以定义所有声音的设置。下面主要介绍使用"声音属性"对话框对声音进行压缩。

### 10.3.1　使用"声音属性"对话框

在 Flash CS4 中有很多种方法都可以打开"声音属性"对话框，操作步骤如下：

1）双击库面板中的声音图标。

2）右击库面板中的声音文件，然后从弹出的快捷菜单中选择"属性"。

3）在库面板中选择一个声音，然后在面板右上角的选项菜单中选择"属性"命令。

4）在库面板中选择一个声音，然后单击库面板底部的属性图标。

当执行上述任何一个操作后，都可以弹出如图 10-18 所示的"声音属性"对话框。

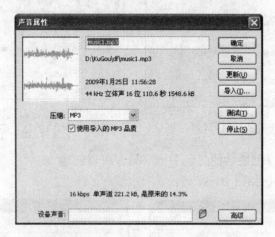

图 10-18 "声音属性"对话框

在"声音属性"对话框的上方会显示声音文件的一些基本信息，如名称、路径、采样率和长度等，在下方可以对声音进行压缩设置。下面介绍一些不同的压缩选项的详细设置。

## 10.3.2 使用"ADPCM"压缩选项

"ADPCM"压缩选项用于设置 8 位或 16 位声音数据的压缩设置。当导出短事件声音时，可以使用"ADPCM"设置。使用"ADPCM"压缩声音的操作步骤如下：

1）在"声音属性"对话框中，从"压缩"下拉列表框中选择"ADPCM"，如图 10-19 所示。

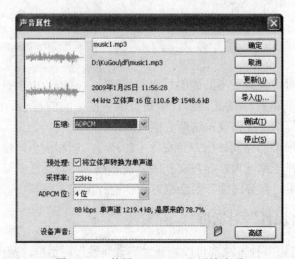

图 10-19 使用"ADPCM"压缩选项

2）选择"将立体声转换为单声道"复选框，会将混合立体声转换为单声（非立体声）。

3）选择"采样率"下拉列表框中的一个选项，可以控制声音的保真度和文件大小。较低的采样比率可以减小文件大小，但也会降低声音品质。

● 对于语音来说，5 kHz 是最低的可接受标准。

● 对于音乐短片断，11 kHz 是最低的建议声音品质，这是标准 CD 比率的四分之一。

● 22 kHz 是用于 Web 回放的常用选择，这是标准 CD 比率的二分之一。

● 44 kHz 是标准的 CD 音频比率。

### 10.3.3  使用"MP3"压缩选项

通过"MP3"压缩选项可以用 MP3 压缩格式导出声音。当导出像乐曲这样较长的音频流时，可以使用"MP3"选项。使用"MP3"压缩声音的操作步骤如下：

1）在"声音属性"对话框中，从"压缩"下拉列表框中选择"MP3"。

2）选择"使用导入的 MP3 品质"复选框（默认设置），可以使用和导入时相同的设置来导出文件。如果取消选择此复选框，则可以选择其他 MP3 压缩设置，如图 10-20 所示。

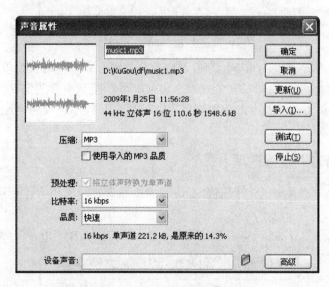

图 10-20  使用"MP3"压缩选项

3）选择"将立体声转换为单声道"复选框，会将混合立体声转换为单声（非立体声）。

**提示**：该复选框只有在选择的比特率为 20 kbps（kbps=kbit/s）或更高时才可用。

4）选择"比特率"下拉列表选项，以确定导出的声音文件中每秒播放的位数。Flash 支持 8 kbps 到 160 kbps CBR（恒定比特率）的位数。当导出音乐时，需要将比特率设为 16 kbps 或更高，以获得最佳效果。

5）选择一个"品质"选项，以确定压缩速度和声音品质。

● 快速：压缩速度较快，但声音品质较低。

● 中：压缩速度较慢，但声音品质较高。

● 最佳：压缩速度最慢，但声音品质最高。

## 10.3.4　使用"原始"压缩选项

选择"原始"压缩选项在导出声音时不进行压缩。使用原始压缩的操作步骤如下：

1）在"声音属性"对话框中，从"压缩"下拉列表框中选择"原始"，如图10-21所示。

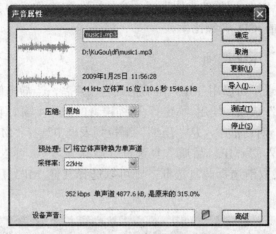

图 10-21　使用"原始"压缩选项

2）选择"将立体声转换为单声道"复选框，会将混合立体声转换为单声（非立体声）。

3）选择"采样率"下拉列表框中的一个选项，可以控制声音的保真度和文件大小。较低的采样比率可以减小文件大小，但也降低声音品质。其具体选项和"ADPCM"的压缩选项相同，这里就不再赘述。

## 10.3.5　使用"语音"压缩选项

"语音"压缩选项使用一个特别适合于语音的压缩方式导出声音。使用语音压缩的操作步骤如下：

1）在"声音属性"对话框中，从"压缩"下拉列表框中选择"语音"，如图10-22所示。

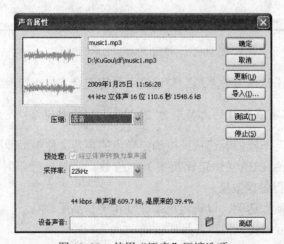

图 10-22　使用"语音"压缩选项

2）选择"将立体声转换为单声道"复选框，会将混合立体声转换为单声（非立体声）。

3）选择"采样率"下拉列表框中的一个选项，可以控制声音的保真度和文件大小。较低的采样比率可以减小文件大小，但也降低声音品质。其具体选项和"ADPCM"的压缩选项相同，这里就不再赘述。

## 10.4 习题

### 1．选择题

（1）Flash CS4 不支持的声音格式是（　　　）。

    A．.au

    B．.mp3。

    C．.wav。

    D．.mid。

（2）当鼠标滑过按钮时出现声音，声音是添加到按钮的（　　　）状态中的。

    A．弹起

    B．指针经过

    C．按下

    D．点击

（3）（　　　）声音同步表示声音一边下载一边播放，下载了多少就播放多少。

    A．事件

    B．开始

    C．停止

    D．数据流

（4）在"编辑封套"对话框中不可以编辑声音的（　　　）。

    A．声道

    B．长度

    C．混声特效

    D．音量

（5）当导出像乐曲这样较长的音频流时，可以的压缩选项是（　　　）。

    A．"ADPCM"

    B．"MP3"

    C．"原始"

    D．"语音"

### 2．操作题

（1）试着把各种声音文件导入到 Flash CS4 中。

（2）在 Flash 中编辑声音的效果。

（3）对声音进行各种压缩设置，并对比效果。

# 第 11 章　Flash CS4 动画脚本设计

**本章要点**

- ActionScript 基础
- 动作面板的使用
- 添加函数的方法
- ActionScript 基本函数的应用
- 行为的使用

ActionScript 是 Flash CS4 的脚本语言，它是一种面向对象的编程语言。Flash 使用 ActionScript 给动画添加交互性。在简单动画中，Flash 按顺序播放动画中的场景和帧，而在交互动画中，用户可以使用键盘或鼠标与动画交互。例如，可以单击动画中的按钮，然后跳转到动画的不同部分继续播放；可以移动动画中的对象；可以在表单中输入信息等。使用 ActionScript 可以控制 Flash 动画中的对象，创建导航元素和交互元素，扩展 Flash 创作交互动画和网络应用的能力。

## 11.1　ActionScript 简介

随着 Flash 版本的不断更新，ActionScript 也在发生着重大的变化，从最初 Flash 4 中所包含的十几个基本函数，提供对影片的简单控制，到现在 Flash CS4 中的面向对象的编程语言，并且可以使用 ActionScript 来开发应用程序，这意味着 Flash 平台的重大变革。

### 11.1.1　Flash CS4 中的 ActionScript

Flash CS4 中包含多个 ActionScript 版本，以满足各类开发人员和回放硬件的需要。

（1）ActionScript 3.0

ActionScript 3.0 的执行速度极快。与其他 ActionScript 版本相比，此版本要求开发人员对面向对象的编程概念有更深入的了解。ActionScript 3.0 完全符合 ECMAScript 规范，提供了更出色的 XML 处理以及改进的事件模型和用于处理屏幕元素的改进的体系结构。使用 ActionScript 3.0 的 FLA 文件不能包含 ActionScript 的早期版本。

（2）ActionScript 2.0

ActionScript 2.0 比 ActionScript 3.0 更容易学习。尽管 Flash Player 运行编译后的 ActionScript 2.0 代码比运行编译后的 ActionScript 3.0 代码速度慢，但 ActionScript 2.0 对于许多计算量不大的项目仍然十分有用，例如，更面向设计的内容。 ActionScript 2.0 也基于 ECMAScript 规范，但并不完全遵循该规范。

（3）ActionScript 1.0

ActionScript 1.0 是最简单的 ActionScript，仍为 Flash Lite Player 的一些版本所使用。ActionScript 1.0 和 2.0 可共存于同一个 FLA 文件中。

（4）Flash Lite 3.x ActionScript

Flash Lite 3.x ActionScript 是 ActionScript 2.0 的子集，受到移动电话和移动设备上的 Flash 播放器 Flash Lite 2.x 的支持。

（5）Flash Lite 2.x ActionScript

Flash Lite 2.x ActionScript 也是 ActionScript 2.0 的子集，受到移动电话和移动设备上的 Flash 播放器 Flash Lite 2.x 的支持。

（6）Flash Lite 1.x ActionScript

Flash Lite 1.x ActionScript 是 ActionScript 1.0 的子集，受到移动电话和移动设备上的 Flash 播放器 Flash Lite 1.x 的支持。目前国内的部分智能手机默认安装了 Flash Lite 1.x 播放器。

当启动了 Flash CS4 软件后，在默认的欢迎界面中即可选择创建何种 ActionScript 版本的 Flash 影片，如图 11-1 所示。

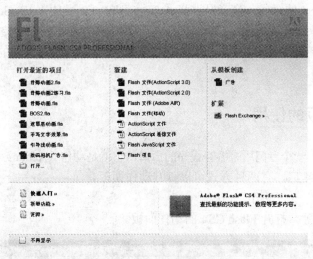

图 11-1　Flash CS4 的欢迎界面

## 11.1.2　ActionScript 3.0 和 ActionScript 2.0

在 Flash 动画中使用 ActionScript，最早被用来制作动画控制按钮或者简单的网页应用功能，如网页导航或者欢迎动画等。发展到现在，已经可以使用 ActionScript 来开发基于互联网的应用程序了。结合 ActionScript，使 Flash 不仅仅是一个动画制作工具，更成为了一个应用程序的开发工具。在 Flash CS4 中，ActionScript 被进行了大量的更新，所包含的最新版本称为 ActionScript 3.0，ActionScript 3.0 和早期的 ActionScript 2.0 比较起来发生了较大的变化。

ActionScript 3.0 的强大功能提供了一种强大的、面向对象的编程语言，这是 Flash Player 功能发展过程中重要的一步。该语言的设计意图是，在可重用代码的基础上构建丰富的 Internet 应用程序。ActionScript 3.0 基于 ECMAScript（编写脚本的国际标准化语言），它符合 ECMAScript（ECMA-262）第 3 版语言规范（ECMAScript（ECMA-262）edition 3 language specification）。早期的 ActionScript 版本已经提供了这种参与在线体验的力量和灵活性。ActionScript 3.0 将促进和发展这种性能，提供发展强大表现和先进的高度复杂应用，并且能够结合大型数据库以及可移植性的面向对象的代码。拥有 ActionScript 3.0，开发者可能达到高效执行效率和表现同一的平台。

ActionScript 由嵌入在 Flash Player 中的 ActionScript 虚拟机（AVM）执行。AVM1 是执行以前版本的 ActionScript 的虚拟机，今天变得更加强大的 Flash 平台使得可能创造出交互式媒体和丰富的网络应用。然而，AVM1 却在挤压着开发者们的极限——他们的项目现在到了要求它变革的时刻了。ActionScript 3.0 带来了一个更加高效的 ActionScript 执行虚拟机——AVM2，它将彻底的脱胎换骨于 AVM1。使用 AVM2，ActionScript 3.0 的执行效率将比以前的 ActionScript 执行效率高出至少 10 倍。新的 AVM2 虚拟机将会嵌入于 Flash player 9 当中，将成为执行 ActionScript 的首选虚拟机。当然，旧的 AVM1 将继续嵌入在 Flash player 9 当中，以兼容以前的 ActionScript。目前，有众多的产品把自身的展示和应用表现于 Flash player 当中，这些产品的动画也经常应用到 ActionScript，以增加互动和行为，表现他们的产品。

在使用 Flash CS4 的时候，究竟是选择 ActionScript 3.0 还是 ActionScript 2.0，主要根据项目的大小和要求来决定，如果只是简单的交互动画制作或者影片的控制、游戏的开发，ActionScript 2.0 已经足以胜任了，但是如果需要开发大型的基于互联网的应用程序，则应该选择 ActionScript 3.0。

## 11.2　动作面板的使用

Flash CS4 提供了一个专门用来编写程序的窗口，它就是动作（Action）面板，如图 11-2 所示。在运行 Flash CS4 后，有两种方式可以打开动作面板。

1）选择"窗口"→"动作"命令。

2）或按〈F9〉键，打开 Flash CS4 的动作面板。

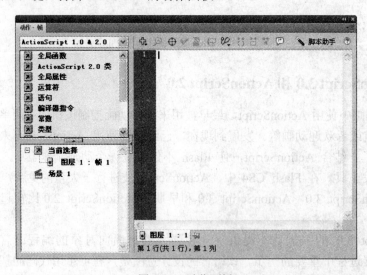

图 11-2　动作面板

面板右侧的脚本窗口用来创建脚本，用户可以在其中直接编辑动作，也可以输入动作的参数或者删除动作，这和在文本编辑器中创建脚本非常相似。

在动作面板的左上方，以下拉列表的方式列出了 Flash CS4 中所有的 ActionScript 版本，用户可以从中选择需要的 ActionScript 版本，如图 11-3 所示。但是需要注意的是所创建的影片类型不同，所选择的 ActionScript 版本也不相同，例如不能把 ActionScript 3.0 脚本添加到基于 ActionScript 2.0 所创建的影片文件中。

面板的左侧中部以分类的方式，列出了 Flash CS4 中所有的动作及语句，如图 11-4 所示。用户可以用双击或拖曳的方式将需要的动作放置到右侧的动作编辑区中。

图 11-3　ActionScript 版本　　　　　　　　图 11-4　动作和语句

面板的左侧底部以折叠菜单的方式，列出了 Flash CS4 中所有添加了 ActionScript 的对象和当前选中的对象，如图 11-4 所示。用户可以直接选择以查看这些对象上的函数脚本。

Flash CS4 继承了 Flash CS3 中的脚本助手，使用脚本助手，可以快速、简单地编辑动作脚本，以适合初学者使用，如图 11-5 所示。

图 11-5　动作面板的脚本助手

## 11.3  添加动作的位置

ActionScript 的功能非常强大，但是在整个影片中，应该把脚本添加到什么位置呢？根据实际的效果需要，可以在影片的 3 个位置添加函数。

### 11.3.1  给关键帧添加动作

给关键帧添加动作，可以让影片播放到某一帧时执行某种动作。例如，给影片的第 1 帧添加 Stop（停止）语句命令，可以让影片在开始的时候就停止播放。同时，帧动作也可以控制当前关键帧中的所有内容。给关键帧添加函数后，在关键帧上会显示一个"a"标记，如图 11-6 所示。

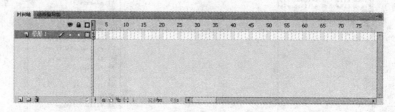

图 11-6  添加动作的帧

### 11.3.2  给按钮元件添加动作

给按钮元件添加动作，可以通过按钮来控制影片的播放或者控制其他元件。通常这些动作或程序都是在特定的按钮事件发生时才会执行，如按下或松开鼠标右键等。结合按钮元件，可以轻松创建互动式的界面和动画，也可以制作有多个按钮的菜单，每个按钮的实例都可以有自己的动作，而且互相不会影响，如图 11-7 所示。

图 11-7  给按钮元件添加函数

### 11.3.3  给影片剪辑元件添加动作

给影片剪辑分配动作，当装载影片剪辑或播放影片剪辑到达某一帧时，分配给该影片剪辑的动作将被执行。灵活运用影片剪辑动作，可以简化很多的工作流程，如图 11-8 所示。

图 11-8　给影片剪辑元件添加函数

### 11.3.4　理解 ActionScript

Flash CS4 中的 ActionScript 脚本和 JavaScript 有很多类似的地方，它们都是基于事件驱动的脚本语言。所有的脚本都是由"事件"和"动作"的对应关系来组成的，那么怎么理解它们的对应关系呢？下面举例来说明。

如果到一个公司去应聘，这家公司的应聘条件为"是否会 Flash 动画制作"，如果会，那么就可以顺利的应聘到这家公司，如果不会 Flash 动画制作，那么就将被淘汰。这里的"事件"就是"是否会 Flash 动画制作"，而"动作"就是"应聘到这家公司"。

"事件"可以理解为条件，是一种判断，有"真"和"假"两个取值。而"动作"可以理解为效果，当相应的"条件"成立时，执行相应的"效果"。在 Flash 脚本中的书写格式为：

```
事件 {
    动作
    动作
}
```

注意：同一个事件可以对应多个动作。

## 11.4　ActionScript 基本语句的应用

在了解 ActionScript 中"事件"和"动作"后，下面介绍 Flash CS4 中的一些基本函数，这些基本函数都是在动画设计中使用最频繁的。

### 11.4.1　控制影片播放的语句 play 和停止语句 stop

Flash 动画默认的状态下是永远循环播放的，如果需要控制动画的播放和停止，可以添加相应的语句来完成。

play 命令用于播放动画，而 stop 命令用于停止播放动画，并且让动画停止在当前帧，这两个命令没有语法参数。下面通过一个具体的案例来说明这两个命令的作用，其操作步骤如下：

1）打开光盘中的练习 Flash 文件"控制影片的播放"（ActionScript 2.0）。

2）在场景的"按钮"图层中放置两个透明的按钮元件，如图 11-9 所示。

3）选择时间轴中任意图层的第 1 帧，动作面板的左上角会显示"动作-帧"。

4）在动作编辑区中输入语句：

        stop();

如图 11-10 所示。

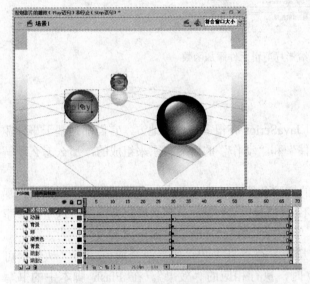

图 11-9　在场景中制作动画并放置按钮元件

图 11-10　输入语句

**说明：** 直接给关键帧添加动作，这时的事件就是帧数，表示播放到第 1 帧停止。

5）选择舞台中的"play"透明按钮实例，动作面板的左上角会显示"动作-按钮"。

6）在动作编辑区中输入语句：

```
on (release) {
    play();
}
```

如图 11-11 所示。

**说明：** 给按钮元件添加动作的时候，必须首先给出按钮事件。

7）选择舞台中的"stop"按钮实例，动作面板的左上角会显示"动作-按钮"。

8）在动作编辑区中输入语句：

```
on (release) {
    stop();
```

```
    }
```

如图 11-12 所示。

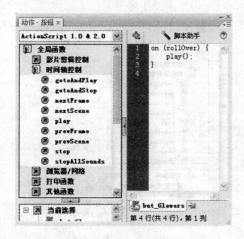

图 11-11　给 play 按钮添加动作

图 11-12　给 stop 按钮添加动作

9）动画效果完成。选择"控制"→"测试影片"（快捷键：〈Ctrl+Enter〉）命令，在 Flash 播放器中预览动画效果。

**说明**：动画打开后是不播放的，当单击"播放"按钮时才播放，单击"停止"按钮时会停止。

### 11.4.2　跳转语句 goto

使用 goto 命令可以跳转到影片中指定的帧或场景。根据跳转后的状态，执行命令有两种：gotoAndPlay 和 gotoAndStop。下面通过一个具体的案例来说明这个命令的作用，其操作步骤如下：

1）打开光盘中的练习 Flash 文件"跳转语句"（ActionScript 2.0）。

2）在场景的"图层 1"中放置一个按钮元件"从头再来一次"，如图 11-13 所示。

3）选择时间轴"图层 4"中的第 16 帧，动作面板的左上角会显示"动作-帧"。

4）在动作编辑区中输入语句：

```
gotoAndPlay(13);
```

如图 11-14 所示。

**说明**：动画第 2 次循环播放的时候，只会播放第 13～16 帧之间的动画效果。

5）选择舞台中的按钮实例，动作面板的左上角会显示"动作-按钮"。

6）在动作编辑区中输入语句：

```
on (release) {
    gotoAndPlay(1);
}
```

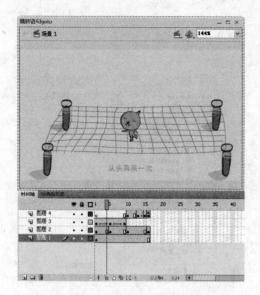

图 11-13　在场景中放置按钮元件

图 11-14　输入语句

如图 11-15 所示。

图 11-15　给按钮添加动作

7）动画效果完成。选择"控制"→"测试影片"（快捷键:〈Ctrl+Enter〉）命令,在 Flash 播放器中预览动画效果。

**说明:** 当单击舞台中的按钮时,动画将回到第 1 帧播放。

### 11.4.3　停止所有声音播放的语句 stopAllSounds

stopAllSounds 命令是一个简单的声音控制命令,执行该命令会停止当前影片文件中所有的声音播放。下面通过一个具体的案例来说明这个命令的作用,其操作步骤如下:

1）打开光盘中的练习 Flash 文件"停止所有声音播放语句"（ActionScript 2.0）。

2）在"背景声音"图层中添加一个声音文件,并且将声音的属性设置为"循环"。

3）在"按钮"图层中放置一个按钮元件，如图 11-16 所示。

4）选择舞台中的按钮实例，动作面板的左上角会显示"动作-按钮"。

5）在动作编辑区中输入语句：

```
on (release) {
    stopAllSounds();
}
```

如图 11-17 所示。

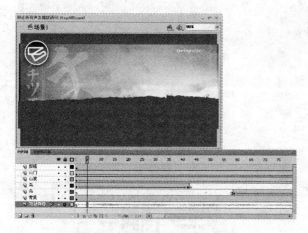

图 11-16　在场景中放置按钮元件

图 11-17　输入语句

6）动画效果完成。选择"控制"→"测试影片"（快捷键：〈Ctrl+Enter〉）命令，在 Flash 播放器中预览动画效果。

说明：当单击舞台中的按钮时，动画中的声音将停止播放。

### 11.4.4　Flash 播放器控制语句 fscommand

fscommand 命令用来控制 Flash 的播放器，例如，Flash 中常见的全屏、隐藏右键菜单等效果都可以通过添加这个命令来实现。fscommand 命令的参数及说明如表 11-1 所示。

表 11-1　fscommand 命令

| 命　　令 | 参　　数 | 说　　明 |
| --- | --- | --- |
| quit | 无 | 关闭播放器 |
| fullscreen | true 或 false | 指定 true 将 Flash Player 设置为全屏模式。如果指定 false，播放器会返回到常规菜单视图 |
| allowscale | true 或 false | 如果指定 false，则设置播放器始终按 SWF 文件的原始大小绘制 SWF 文件，而从不进行缩放。如果指定 true，则强制 SWF 文件缩放到播放器的 100% |
| showmenu | true 或 false | 如果指定 true，则启用整个上下文菜单项集合。如果指定 false，则使得除"关于 Flash Player"外的所有上下文菜单项变暗 |
| exec | 应用程序的路径 | 在播放器内执行应用程序 |
| trapallkeys | true 或 false | 如果指定 true，则将所有按键事件（包括快捷键事件）发送到 Flash Player 中的 onClipEvent(keyDown/keyUp) 处理函数 |

下面通过一个具体的案例来说明这个命令的作用，其操作步骤如下：

1）打开光盘中的练习 Flash 文件 "Flash 播放器控制语句"（ActionScript 2.0）。

2）在"按钮"图层中放置一个透明的按钮元件，如图 11-18 所示。

3）选择时间轴中任意图层的第 1 帧，动作面板的左上角会显示"动作-帧"。

4）在动作编辑区中输入语句：

```
fscommand("fullscreen", "true");
fscommand("showmenu", "false");
fscommand("allowscale", "true");
```

如图 11-19 所示。

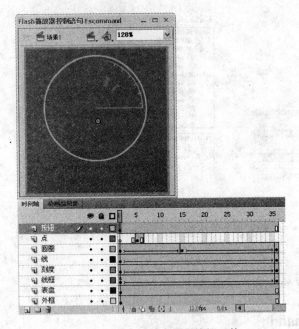

图 11-18　在场景中放置按钮元件

图 11-19　输入语句

**说明：** 这样动画打开时即可全屏播放，但不显示菜单，允许缩放。

5）选择舞台中的透明按钮实例，动作面板的左上角会显示"动作-按钮"。

6）在动作编辑区中输入语句：

```
on (release) {
    fscommand("quit");
}
```

如图 11-20 所示。

**说明：** 当单击按钮的时候就可以关闭 Flash 播放器。

7）动画效果完成。选择"文件"→"导出"→"导出影片"（快捷键：〈Ctrl+Shift+S〉）命令，在 Flash 播放器中预览动画效果。

图 11-20　为按钮添加动作

### 11.4.5　转到 Web 页的语句 getURL

getURL 的作用是创建 Web 链接，可以实现超链接的跳转，包括创建相对路径和绝对路径。其语法格式为 getURL(url [, window [, "variables"]])。

- url：指定获取文档的 url。
- window（窗口）：指定打开页面的方式。
  - _self 指定当前窗口中的当前框架。
  - _blank 指定一个新窗口。
  - _parent 指定当前框架的父级。
  - _top 指定当前窗口中的顶级框架。
- variables：用于发送变量的 GET 或 POST 方法。如果没有变量，则省略此参数。GET 方法将变量追加到 URL 的末尾，该方法用于发送少量的变量。POST 方法在单独的 HTTP 标头中发送变量，该方法用于发送大量的变量。

下面通过一个具体的案例来说明这个命令的作用，其操作步骤如下：

1）打开光盘中的练习 Flash 文件"转到 WEB 页语句"（ActionScript 2 0）。

2）在"按钮"图层中放置一个按钮元件，如图 11-21 所示。

3）选择时间轴中任意图层的第 1 帧，动作面板的左上角会显示"动作-帧"。

4）在动作编辑区中输入语句：

```
getURL("http://www.go2here.net.cn", "_blank");
```

如图 11-22 所示。

**说明**：这样，当动画开始播放的时候就可以自动跳转。

5）选择舞台中的按钮实例，动作面板的左上角显示"动作-按钮"。

6）在动作编辑区中输入如下语句（见图 11-23）：

```
on (release) {
    getURL("01.html", "_self");
}
```

图 11-21 在场景中放置按钮元件

图 11-22 输入语句

图 11-23 为按钮添加动作

说明：当单击按钮的时候就可以打开同一目录的 01.html 文档。相对路径是以最终导出的影片所在的网页位置为参考的，而并不是参考 SWF 文件的位置。

7）动画效果完成。选择"文件"→"导出"→"导出影片"（快捷键：〈Ctrl+Shift+S〉）命令，在 Flash 播放器中预览动画效果。

## 11.4.6 加载（卸载）外部影片剪辑的语句（un）loadMovie

使用 loadMovie 命令可以在一个影片中加载其他位置的外部影片或位图，使用 unloadMovie 命令可以卸载前面载入的影片或位图。

下面通过一个具体的案例来说明这个命令的作用，其操作步骤如下：

1）新建一个 Flash 文件（ActionScript 2.0）。

2）在场景的"图层 1"中放置两个按钮元件。

3）在"图层 1"中绘制一个白色矩形。

4）按〈F8〉键把这个矩形转换为影片剪辑元件，调整其注册中心点为左上角，如图 11-24 所示。

5）选择影片剪辑元件，在属性面板的"实例名称"文本框中输入"here"，如图 11-25 所示。

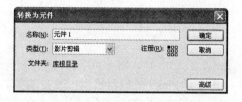

图 11-24　把矩形转换为影片剪辑元件　　　　图 11-25　设置影片剪辑元件的实例名称

**说明：**实例的命名规则是只能以字母和下画线开头，中间可以包含数字，不能以数字开头，不能使用中文。

6）选择舞台中的第一个按钮元件，在动作编辑区中输入语句：

```
on (release) {
    loadMovie("01.swf", "mc");
}
```

如图 11-26 所示。

**说明：**这里的"01.swf"和最终导出的动画在同一个文件夹中。

7）选择舞台中的第二个按钮元件，在动作编辑区中输入语句：

```
on (release) {
    loadMovie("http://www.go2here.net.cn/02.swf", "mc");
}
```

如图 11-27 所示。

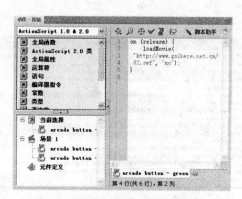

图 11-26　为第一个按钮添加动作　　　　　图 11-27　为第二个按钮添加动作

说明：这里的"http://www.go2here.net.cn/02.swf"是一个绝对路径，表示链接网络上的一个文件。

8）动画效果完成。选择"文件"→"导出"→"导出影片"（快捷键：〈Ctrl+Shift+S〉）命令，在Flash播放器中预览动画效果。

说明：单击不同的按钮，即可加载不同的动画到当前的影片中，并且对齐到影片剪辑元件"here"的位置上。

### 11.4.7　加载变量的语句loadVariables

使用loadVariables命令可以加载外部的数据，并设置Flash播放器级别中变量的值。

下面通过一个具体的案例来说明这个命令的作用，其操作步骤如下：

1）新建一个Flash文件（ActionScript 2.0）。

2）使用文本工具在舞台中拖曳出一个文本框，在属性面板中设置文本类型为"动态文本"，选择"多行"，在"变量"文本框中输入"content"，如图11-28所示。

图11-28　动态文本框的属性设置

3）新建一个网页文件，将其命名为"content.htm"，网页的内容开始是"content="，如图11-29所示。

4）选择时间轴中的第1帧，动画面板的左上角会显示"动作-帧"。

5）在动作编辑区中输入语句：

```
loadVariablesNum("content.htm", 0);
stop();
```

如图11-30所示。

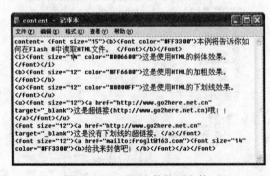

图11-29　网页文件的源文件

图11-30　输入语句

6）动画效果完成。选择"文件"→"导出"→"导出影片"（快捷键：〈Ctrl+Shift+S〉）命令，在 Flash 播放器中预览动画效果。

说明：这里的"content.htm"和最终导出的动画在同一个文件夹中。

## 11.4.8　设置影片剪辑元件属性的语句

要改变影片剪辑元件实例的位置、大小、透明度等效果，可以通过修改影片剪辑元件实例的各种属性数据来实现。对象的属性很多，常用的属性如表 11-2 所示。

表 11-2　影片剪辑元件的属性

| 属 性 名 称 | 说　明 |
| --- | --- |
| _alpha | 透明度，100 是不透明，0 是完全透明 |
| _height | 高度（单位为像素） |
| _width | 宽度（单位为像素） |
| _rotation | 旋转角度 |
| _soundbuftime | 声音暂存的秒数 |
| _x | X 坐标 |
| _y | Y 坐标 |
| _xscale | 宽度（单位为百分比） |
| _yscale | 高度（单位为百分比） |
| _heightqulity | 1 是最高画质，0 是一般画质 |
| _name | 实例名称 |
| _visible | 1 为可见，0 为不可见 |
| _currentframe | 当前影片播放的帧数 |

下面通过一个具体的案例来说明这个命令的作用，其操作步骤如下：

1）新建一个 Flash 文件（ActionScript 2.0）。

2）在"图层 1"中导入一张外部的图片。

3）按"F8"键，把这张图片转换为一个影片剪辑元件。

4）在属性面板中设置影片剪辑元件的实例名称为"girl"。

5）新建"图层 2"，在其中放置 4 个按钮，如图 11-31 所示。

6）选择舞台左上角的椭圆按钮，在动作编辑区中输入语句：

```
on (release) {
        girl._xscale=girl._xscale-10
        girl._yscale=girl._yscale-10
}
```

如图 11-32 所示。

7）选择舞台右上角的椭圆按钮，在动作编辑区中输入语句：

```
on (release) {
        girl._xscale=girl._xscale+10
```

```
        girl._yscale=girl._yscale+10
    }
```

图 11-31　在场景中放置按钮和影片剪辑元件

图 11-32　为左上角按钮添加动作

如图 11-33 所示。

**说明：** 通过不断地改变影片剪辑元件的宽度和高度的百分比，从而实现对图片放大和缩小的操作。

8）选择舞台左下角的矩形按钮，在动作编辑区中输入语句：

```
on (release) {
        girl._rotation=girl._rotation-10
        girl._rotation=girl._rotation-10
    }
```

如图 11-34 所示。

图 11-33　为右上角按钮添加动作

图 11-34　为左下角按钮添加动作

9）选择舞台右下角的矩形按钮，在动作编辑区中输入语句：

```
on (release) {
        girl._rotation=girl._rotation+10
```

girl._rotation=girl._rotation+10

}

如图 11-35 所示。

图 11-35  为右下角按钮添加动作

10）动画效果完成。选择"控制"→"测试影片"（快捷键：〈Ctrl+Enter〉）命令，在 Flash 播放器中预览动画效果。

说明：通过不断地改变影片剪辑元件的旋转角度，可以实现对图片的顺时针和逆时针旋转。

### 11.4.9  复制影片剪辑元件的语句 duplicateMovieClip

使用 duplicateMovieClip 命令，可以复制命名的影片剪辑元件实例。其语法格式为：duplicateMovieClip(target, newname, depth)。

● target：要复制的影片剪辑的目标路径。

● newname：新复制的影片剪辑名称。

● depth：新复制的影片剪辑的深度级别。深度级高的在上方，深度级低的在下方，每个对象的深度级是唯一的。

下面通过一个具体的案例来说明这个命令的作用，其操作步骤如下：

1）新建一个 Flash 文件（ActionScript 2.0）。

2）在"图层 1"中导入一张外部的图片。

3）按〈F8〉键，把这张图片转换为一个影片剪辑元件，如图 11-36 所示。

4）在时间轴的第 30 帧按〈F6〉键，插入关键帧。

5）把第 30 帧中的图像放大，同时把透明度调整为"0"，如图 11-37 所示。

6）在属性面板中设置影片剪辑元件的实例名称为"logo"。

7）在"图层 1"的第 30 帧按〈F5〉键，插入静态延长帧。

8）新建"图层 2"，分别在该层的第 3、6、9、12、15、18、21、24、27 和 30 帧按〈F7〉键，插入空白关键帧，如图 11-38 所示。

图 11-36　进入到影片剪辑元件的编辑状态

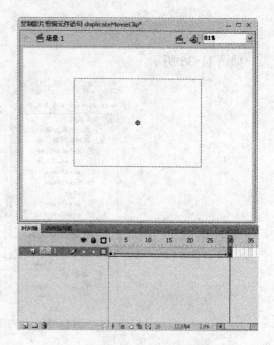

图 11-37　在影片剪辑元件中制作动画

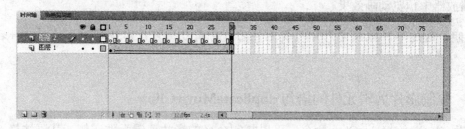

图 11-38　在"图层 2"中插入空白关键帧

9）选择"图层 2"的第 1 帧，动作面板的左上角会显示"动作-帧"。

10）在动作编辑区中输入语句：

```
duplicateMovieClip("girl", "girl01", 1);
```

如图 11-39 所示。

11）选择"图层 2"的第 3 帧，动作面板的左上角会显示"动作-帧"。

12）在动作编辑区中输入语句：

```
duplicateMovieClip("girl", "girl02", 2);
```

如图 11-40 所示。

13）依此类推，给所有的关键帧添加复制语句，但是每个关键帧中的 newname 和 depth 的值是依次递增的。

14）动画效果完成。选择"控制"→"测试影片"（快捷键：〈Ctrl+Enter〉）命令，在 Flash 播放器中预览动画效果。

图 11-39 给第 1 帧添加动作

图 11-40 给第 3 帧添加动作

## 11.5 行为面板的使用

Flash CS4 中新增了行为面板，实际上 Flash CS4 中的行为也就是 ActionScript 动作。只不过在行为面板中包含了一些使用比较频繁的 ActionScript 动作。使用行为面板可以快速地创建交互效果。下面通过一个具体的案例来说明 Flash CS4 中行为面板的使用，其操作步骤如下：

1）新建一个 Flash 文件（ActionScript 2.0）。

2）选择"文件"→"导入"→"导入到舞台"（快捷键:〈Ctrl+R〉）命令，向 Flash 中导入一段视频。

3）新建"图层 2"，在舞台中放置 3 个按钮，分别控制视频的播放、停止和暂停，如图 11-41 所示。

4）选择"图层 1"中的视频，在属性面板中设置视频的实例名称为"movie"。

5）选择"窗口"→"行为"（快捷键:〈Shift+F3〉）命令，打开 Flash CS4 的行为面板，如图 11-42 所示。

图 11-41 在场景中放置按钮和视频

图 11-42 Flash 的行为面板

*261*

6）选择舞台中的"播放"按钮，单击行为面板中的"+"号，在打开的菜单中选择"嵌入的视频"→"播放"命令。

7）在弹出的"播放视频"对话框中选择名称的"movie"视频文件，单击"确定"按钮。最终效果如图 11-43 所示。

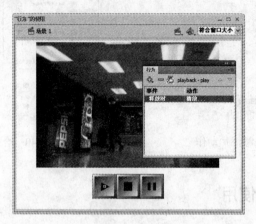

图 11-43　给按钮添加行为

8）使用同样的方法，给另外两个按钮添加行为。

9）动画效果完成。选择"控制"→"测试影片"（快捷键：〈Ctrl+Enter〉）命令，在 Flash 播放器中预览动画效果。

## 11.6　案例上机操作：Flash 个人网站

这是一个使用 Flash 制作的小型网站，单击不同的栏目可以进入到相应的栏目内容中，单击每个栏目的返回按钮即可返回到主栏目中，如图 11-44 所示。

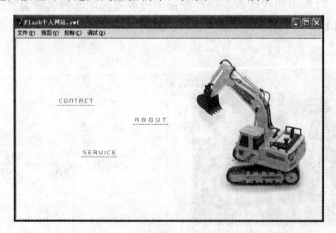

图 11-44　Flash 个人网站

在 Flash 中实现内部的栏目跳转，实际上可以理解为帧的跳转，通过 goto 函数的应用可以轻松实现，具体操作步骤如下：

1）新建一个 Flash 文件（ActionScript 2.0），设置背景颜色为"白色"，舞台的尺寸为 700×400 像素。

2）选择→"导入"→"导入到舞台"（快捷键：〈Ctrl+R〉）命令，向 Flash 中导入一张图片素材，并且放置到舞台的右侧，如图 11-45 所示。

3）新建"按钮"图层，在其中放置 3 个按钮元件，分别是"content（联系）"，"about（关于）"和"service（服务）"，如图 11-46 所示。

图 11-45　导入位图素材

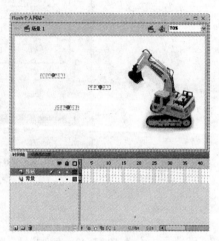

图 11-46　在舞台中添加按钮

4）在所有图层的上方新建"栏目"图层。

5）选择"栏目"图层的第 1 帧，动作面板的左上角会显示"动作-帧"。

6）在动作面板的动作编辑区中输入语句：

```
stop();
```

如图 11-47 所示。

7）选择"栏目"图层的第 2 帧，按〈F7〉键，插入空白关键帧。

8）在"栏目"图层的第 2 帧中制作"联系"栏目的内容，如图 11-48 所示。

图 11-47　输入语句

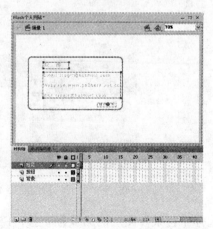

图 11-48　在"栏目"图层的第 2 帧中制作"联系"栏目的内容

9）选择"栏目"图层的第3帧，按〈F7〉键，插入空白关键帧。

10）在"栏目"图层的第3帧中制作"简介"栏目的内容，如图11-49所示。

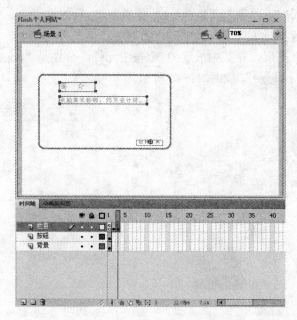

图11-49　在"栏目"图层的第3帧中制作"简介"栏目的内容

11）选择"栏目"图层的第4帧，按〈F7〉键，插入空白关键帧。

12）在"栏目"图层的第4帧中制作"服务"栏目的内容，如图11-50所示。

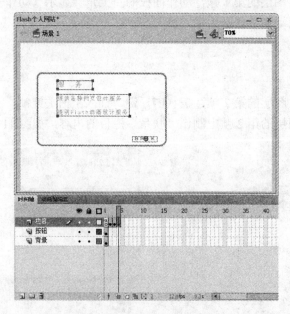

图11-50　在"栏目"图层的第4帧中制作"服务"栏目的内容

13）选择"背景"图层的第4帧，按〈F5〉键，插入静态延长帧，时间轴如图11-51所示。

264

14）选择"按钮"图层中的按钮元件，打开动作面板，在其左上角会显示"动作-按钮"。

15）选择按钮元件"content（联系）"，在动作面板的动作编辑区中输入语句：

```
on (release) {
    gotoAndStop(2);
}
```

如图 11-52 所示。

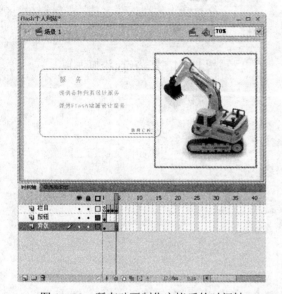

图 11-51　所有动画制作完毕后的时间轴

图 11-52　为"Content"添加动作

16）选择按钮元件"about（关于）"，在动作面板的动作编辑区中输入语句：

```
on (release) {
    gotoAndStop(3);
}
```

如图 11-53 所示。

17）选择按钮元件"service（服务）"，在动作面板的动作编辑区中输入语句：

```
on (release) {
    gotoAndStop(4);
}
```

如图 11-54 所示。

18）分别选择"栏目"图层第 2、3、4 帧中的返回按钮，在动作面板的动作编辑区中输入语句：

```
on (release) {
    gotoAndStop(1);
}
```

图 11-53　为 about 添加动作

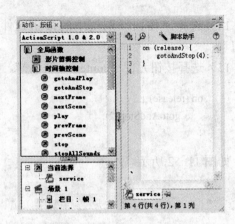

图 11-54　为 service 添加动作

如图 11-55 所示。

图 11-55　为 back 添加动作

19）动画效果完成。选择"控制"→"测试影片"（快捷键：〈Ctrl+Enter〉）命令，在 Flash 播放器中预览动画效果。

## 11.7　习题

### 1. 选择题

（1）关于 ActionScript，下列说法正确的是（　　）。

　　A. 不区分大小写

　　B. 区分大小写

　　C. 只有关键字是区分大小写的，其他则无所谓

　　D. 以上都不正确

（2）下列电子邮件链接书写形式正确的是（　　）。

　　A. mailto:froglt@163.com

　　B. mailto:// froglt@163.com

C. http:// froglt@163.com

D. mailto// froglt@163.com

（3）关于帧动作的说法正确的是（　　）。

A. 出现一个小 a 则表示该帧已经被分配帧动作

B. 出现一个小 a 则表示该帧没有分配帧动作

C. 出现一个大 A 该帧才被分配帧动作

D. 出现一个小 a 不能确定该帧是否已经被分配帧动作

（4）Flash 影片中不能添加动作语句的对象是（　　）。

A. 按钮元件

B. 关键帧

C. 影片剪辑元件

D. 图形元件

（5）能够在 Flash 中添加动作语句的位置是（　　）。

A. 库面板

B. 动作面板

C. 行为面板

D. 属性面板

## 2．操作题

（1）利用按钮元件来控制一个影片的播放，有两种不同的控制形式，一种是控制主场景里的动画，另一种是控制影片剪辑元件内的动画，比较其区别。

（2）制作一个按钮控制影片剪辑元件并改变其属性的动画。

（3）利用 Flash CS4 的行为来制作控制视频播放的动画效果。

# 第 12 章　Flash CS4 组件应用

**本章要点**
- 组件的概念
- 常用组件
- 组件的应用

## 12.1　认识 Flash CS4 组件

组件是具有已定义参数的复杂影片剪辑，这些参数在影片制作期间进行设置，同时组件也带有一组唯一的动作程序方法，可用于在运行时设置参数和其他选项。组件取代并扩展了 Flash 早期版本中的智能剪辑。用户可以安装由其他开发人员制作的组件，就好像是 Fireworks 的外挂滤镜一样，能够给 Flash 提供更多的扩展功能。下面介绍 Flash CS4 中的组件，它是面向对象技术的一个重要特征。在 Flash CS4 中，组件包括 ActionScript 3.0 组件和 ActionScript 2.0 组件，不同版本的组件是不能够兼容的。当创建一个新的 Flash 影片文件后，可以通过"窗口"菜单打开组件面板，ActionScript 2.0 在组件面板中默认提供了 4 组不同类型的组件，如图 12-1 所示。而 ActionScript 3.0 的组件面板中只包含有两组不同类型的组件，如图 12-2 所示。

图 12-1　ActionScript 2.0 的组件　　　　　图 12-2　ActionScript 3.0 的组件

当然用户也可以自己扩展组件，这就意味着用户可以拥有更多的 Flash 界面元素或者动画资源。下面为读者介绍一些常用而且较为简单的组件，由于组件在使用过程中通常涉及到 ActionScript 语言，因此在本节的学习过程中，只需要按照具体步骤简单地使用组件，对常用的组件有一个大致的了解就可以了。

## 12.2　组件类型

Flash CS4 中的组件，总体来说包含以下 4 种类型。

（1）数据组件

使用数据组件可以从数据源中读取相应的信息，如图 12-3 所示。

（2）媒体组件

使用媒体组件可播放和控制媒体流，如图 12-4 所示。

图 12-3　数据组件

图 12-4　媒体组件

（3）用户界面（UI）组件

用户界面组件类似于网页中的表单元素，使用 Flash 的用户界面组件，可以轻松开发 Flash 的应用程序界面，如按钮、下拉菜单、文本字段等，如图 12-5 所示。

（4）视频组件

视频组件可以轻松地将视频播放器包括在 Flash 应用程序中，以便通过 HTTP 从 Flash Video Streaming Service（FVSS）或从 Flash Media Server 播放渐进式视频流，如图 12-6 所示。

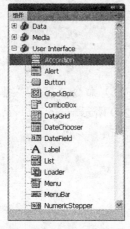

图 12-5　用户界面组件

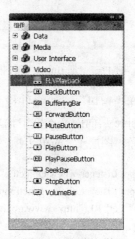

图 12-6　视频组件

## 12.3 组件应用

组件可以将应用程序的设计过程和编码过程分开。通过使用组件，开发人员可以创建设计人员在应用程序中用到的功能。开发人员可以将常用功能封装到组件中，设计人员可以通过更改组件的参数来自定义组件的大小、位置和行为。通过编辑组件的图形元素或外观，还可以更改组件的外观。为了更好地了解组件的使用方法，下面通过一些实际的操作来进行说明。

### 12.3.1 按钮

按钮（Button）组件是一个比较简单的组件，下面对其使用及参数设置做一个详细的介绍。具体操作步骤如下：

1）新建一个 Flash 文件（ActionScript 2.0）。

2）选择"窗口"→"组件"（快捷键：〈Ctrl+F7〉）命令，打开组件面板。

3）选择组件面板中的"User Interface（用户界面）"→"Button（按钮）"，将其拖曳到舞台中，如图 12-7 所示。

4）选中按钮实例，在属性面板中将实例命名为"Button01"，如图 12-8 所示。

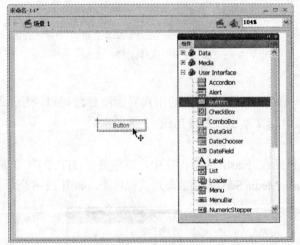

图 12-7　把 Button 组件拖曳到舞台中　　　　图 12-8　设置按钮的实例名称

5）选择"窗口"→"组件检查器"（快捷键：〈Shift+F7〉）命令，打开"组件检查器"面板，在 Lable 后面的文本框中输入"点我看看！"，如图 12-9 所示。

6）选择"图层 1"的第 1 帧，在动作面板中输入以下语句：

```
clippyListener = new Object();
clippyListener.click = function(evt) {
    getURL("http://www.go2here.net", "_blank");
};
Button01.addEventListener("click",clippyListener);
```

如图 12-10 所示。

图 12-9　设置按钮实例的属性　　　　　　　　　　图 12-10　输入语句

7）组件设置完毕。选择"控制"→"测试影片"（快捷键：〈Ctrl+Enter〉）命令，在
Flash 播放器中预览动画效果。当单击按钮的时候可以打开网页链接。

## 12.3.2　复选框

复选框（CheckBox）组件允许用户选择或不选择，对于一组复选框选项，用户可以不
选或者选择选项中的一个或多个。在各种应用程序中，经常有复选框这一界面对象。下边简
单介绍这种组件的使用，具体操作步骤如下：

1）新建一个 Flash 文件（ActionScript 2.0）。

2）选择"窗口"→"组件"（快捷键：〈Ctrl+F7〉）命令，打开组件面板。

3）选择组件面板中的"User Interface（用户界面）"→"CheckBox（复选框）"，将其拖
曳到舞台中，如图 12-11 所示。

4）选中舞台中的复选框组件，其对应的组件检查器面板如图 12-12 所示。

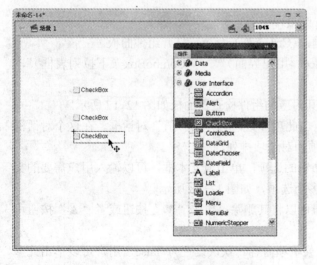

图 12-11　把 CheckBox 组件拖曳到舞台中　　　　图 12-12　组件检查器面板中的参数选项

- label（标签）：该参数的文本内容会显示在方形复选框的旁边，以作为此选项的注释，如图 12-13 所示为将 label 的内容分别改为"网页设计"、"平面设计"和"三维设计"的 3 个复选框。
- labelPlacement（标签位置）：设置标签文字在复选框的左侧或者右侧，在默认状态下是右置的，用户可以在此项上单击，在打开的下拉菜单中选择 left、right、top 或 button 选项，图 12-13 所示为标签左置，图 12-14 所示为标签右置。
- selected：设置初始状态下复选框的状态是选择或者未选择。在默认状态下此值为 false，表示复选框未选中。如果设置为 true，则复选框在初始状态下是选中的，如图 12-15 所示。设置方法是在此栏上单击，从打开的下拉菜单中选择 false 或 true 选项。

| □网页设计 | 网页设计 □ | ☑网页设计 |
| □平面设计 | 平面设计 □ | ☑平面设计 |
| □三维设计 | 三维设计 □ | ☑三维设计 |
| 图 12-13　修改 label 参数 | 图 12-14　标签左置 | 图 12-15　初始选中状态 |

5）组件设置完毕。选择'"控制"→"测试影片"（快捷键：〈Ctrl+Enter〉）命令，在 Flash 播放器中预览动画效果。

### 12.3.3　下拉列表框

下拉列表框（ComboBox）组件也是常见的界面元素，在下拉列表框中可以提供多种选项供用户选择其一或者多个选项。下拉列表框组件虽然比较简单，但功能却很强大，下面具体介绍其使用步骤：

1）新建一个 Flash 文件（ActionScript 2.0）。

2）选择"窗口"→"组件"（快捷键：〈Ctrl+F7〉）命令，打开组件面板。

3）选择组件面板中的"User Interface（用户界面）"→"ComboBox（下拉列表框）"，将其拖曳到舞台中，如图 12-16 所示。

4）选中舞台中的下拉列表框组件，其对应的组件检查器面板如图 12-17 所示。

- label（标签）：设置备选条目，双击此项参数，会弹出"值"对话框。在这个对话框中可以添加新选项、删除已有选项和对选项排列。
- 单击"+"号按钮，列表中会添加新的选项，单击值文本框，可以输入用户需要的文本内容，如此多次操作可以输入多个选项，如图 12-18 所示。
- 选中一个选项，单击"-"号按钮可以将其删除；单击"▼"按钮或者"▲"按钮可以将所选条目下移或者上移。
- editable：设定用户是否可以修改菜单项内容。默认设置为 false，用户可以单击此参数选项，从下拉菜单中选择 true 或 false 选项。

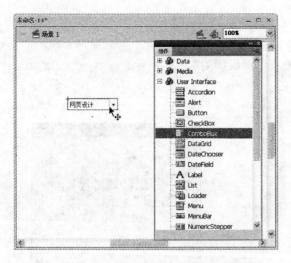

图 12-16　把 ComboBox 组件拖曳到舞台中　　　　图 12-17　组件检查器面板中的参数选项

- data：和 labels 的设置类似，此项的功能是为选项设置数值。单击此参数会打开与添加标签相同的"值"对话框，操作方法也一样，这里不再赘述。
- 设置标签与数据以后，组件检查器面板如图 12-19 所示，这里的 data 与 labels 中的选项是一一对应的。

图 12-18　在"值"对话框中添加内容　　　　图 12-19　设置完 labels 和 data 参数后的组件检查器面板

- rowCount：在这里设置下拉列表框最多可以同时显示的选项数目，如果选项数目多于行数设置，在选择"控制"→"测试影片"（快捷键：〈Ctrl+Enter〉）命令测试影片的时候就会自动出现滚动条。

5）组件设置完毕。选择"控制"→"测试影片"（快捷键：〈Ctrl+Enter〉）命令，在 Flash 播放器中预览动画效果。

### 12.3.4　列表框

列表框（List）组件与 ComboBox 组件的功能和用法相似，具体操作步骤如下：

1）新建一个 Flash 文件（ActionScript 2.0）。

2）选择"窗口"→"组件"（快捷键：〈Ctrl+F7〉）命令，打开组件面板。

3）选择组件面板中的"User Interface（用户界面）"→"List（列表框）"，将其拖曳到舞台中，如图 12-20 所示。

4）选中舞台中的列表框组件，其组件检查器面板如图 12-21 所示。

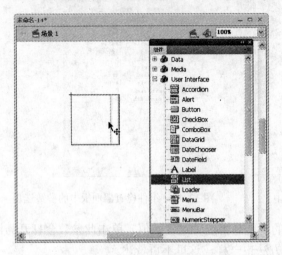

图 12-20　把 List 组件拖曳到舞台中

图 12-21　组件检查器面板中的参数选项

其中的 labels 项和 data 项与 ComboBox 组件的相似，这里就不再赘述。

● multipleSelection：该参数用于设置列表框的选项能否多选。默认值为 false，即不能多选，单击此参数，从打开的菜单中选择 true，则改为可多选，如果设置了可以多选，则在使用中按下〈Ctrl〉键，配合鼠标操作就能选取多个选项，如图 12-22 所示。

● rowHeight：该参数用于设置列表框每行的高度，如图 12-23 所示。

图 12-22　选择多个选项

图 12-23　设置列表框的行高

5）组件设置完毕。选择"控制"→"测试影片"（快捷键：〈Ctrl+Enter〉）命令，在 Flash 播放器中预览动画效果。

### 12.3.5　滚动条

滚动条（ScrollPane）组件即滑动窗组件，其功能就是提供滚动条，用户可以很方便地观看尺寸过大的电影剪辑。下面通过一个具体的案例来说明，操作步骤如下：

1）新建一个 Flash 文件（ActionScript 2.0）。

2）按〈Ctrl+F8〉组合键，新建一个影片剪辑元件，并进入到影片剪辑元件的编辑状态。

3）选择"文件"→"导入"→"导入到舞台"（快捷键：〈Ctrl+R〉）命令，向当前的影片剪辑元件内导入一张图片素材，如图 12-24 所示。

4）单击时间轴左上角的"场景 1"按钮，返回场景的编辑状态。

5）选择"窗口"→"库"（快捷键：〈Ctrl+L〉）命令，打开库面板。

6）选择库面板中的影片剪辑元件，右击，在弹出的快捷菜单中选择"链接"命令。

7）在弹出的"链接属性"对话框中选择"为 ActionScript 导出"复选框，然后在标识符文本框中输入"clock"，如图 12-25 所示。最后单击"确定"按钮关闭此对话框。

图 12-24　向影片剪辑元件内导入一张图片　　　　图 12-25　"链接属性"对话框

8）选择"窗口"→"组件"（快捷键：〈Ctrl+F7〉）命令，打开组件面板。

9）选择组件面板中的"User Interface（用户界面）"→"ScrollPane（滚动条）"，将其拖曳到舞台中，如图 12-26 所示。

10）在组件检查器面板中设置滚动条的 contentPath 为"clock"，这样就在组件与影片剪辑元件之间建立了联系，如图 12-27 所示。

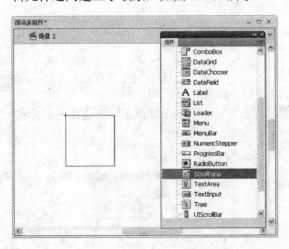

图 12-26　把 ScrollPane 组件拖曳到舞台中　　　图 12-27　设置滚动条的 contentPath 为"clock"

11）"组件检查器"面板中各项参数的意义如下。

● hScrollPolicy：单击此参数选项，可以从打开的菜单中选择 auto、on 或 off 菜单项。auto 是指根据影片剪辑与滑动窗的相对大小来决定是否允许水平方向上的滑动，在影片剪辑水平尺寸超出滑动窗的宽度时会自动打开滑动条；on 代表无论影片剪辑与滑动窗的相对大小如何都显示滑动条；off 则表示无论影片剪辑与滑动窗的相对大小如何都不显示滑动条。
- vScrollPolicy：设置滑动窗的垂直滑动，方法与水平滑动完全相同。
- ScrollDrag：单击此参数选项，可以从打开的菜单中选择 true 或 false 菜单项，设置是否允许用户使用鼠标拖曳滑动窗的影片剪辑对象。设置 true 的话，则用户可以不通过滑动条而使用鼠标直接拖曳影片剪辑在滑动窗中的显示。
- hLineScrollSize：设置单击水平滑动条的向左或向右箭头时滑动尺寸的大小。
- vlineScrollSize：设置单击垂直滑动条的向上或向下箭头时滑动尺寸的大小。

用户可以按照自己的喜好设置滑动窗的参数。

12）组件设置完毕。选择"控制"→"测试影片"（快捷键：〈Ctrl+Enter〉）命令，在 Flash 播放器中预览动画效果，如图 12-28 所示。

图 12-28　完成效果

### 12.3.6　单选按钮

单选按钮（RadioButton）组件允许用户从一组选项中选择唯一的选项。下面具体介绍其使用步骤：

1）新建一个 Flash 文件（ActionScript 2.0）。

2）选择"窗口"→"组件"（快捷键：〈Ctrl+F7〉）命令，打开组件面板。

3）选择组件面板中的"User Interface（用户界面）"→"RadioButton（单选按钮）"，将其拖曳到舞台中，如图 12-29 所示。

4）选中舞台中的单选按钮组件，其组件检查器面板如图 12-30 所示。

图 12-29　把 RadioButton 组件拖曳到舞台中

图 12-30　组件检查器面板中的参数选项

- label（标签）：单选按钮的标签，即按钮一侧的文字，在此处将 label 设置为"网页设计"。
- labelPlacement：设置标签文字在按钮的左侧或者右侧，在默认状态下是右置的，用户可以在此项上单击，在打开的菜单中选择 left、right、top 或 bottom 选项。
- selected：设置单选按钮的初始状态是未选中（false）或者被选中（true），设置方法是单击此项参数，从打开的菜单中选择 false 选项或者 true 选项。此处保持初始状态为"false"，如图 12-31 所示。

5）组件设置完毕。选择"控制"→"测试影片"（快捷键："Ctrl+Enter"）命令，在 Flash 播放器中预览动画效果，如图 12-32 所示。

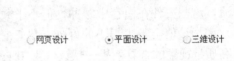

图 12-31　设置单选按钮组件参数　　　　　图 12-32　单选按钮组件效果

### 12.3.7　FLV 视频播放

在当前网络中非常流行的视频分享网站，主要使用的就是 FLV 技术，例如土豆网、酷溜网、56.com 等。其主要原理是通过一个 Flash 制作的 FLV 视频播放器，来播放服务器上的 FLV 文件。使用 Flash CS4，可以直接使用该软件所提供的 FLV 视频播放组件，轻松地把 FLV 视频添加到自己的影片中，下面通过一个简单的实例来进行介绍，具体操作步骤如下：

1）新建一个 Flash 文件（ActionScript 2.0），并且设置舞台尺寸为 852×355 像素。

2）选择"窗口"→"组件"（快捷键：〈Ctrl+F7〉）命令，打开组件面板。

3）选择组件面板中的"Video（视频）"→"FLVPlayback（FLV 视频播放）"，将其拖曳到舞台中，如图 12-33 所示。

4）选中舞台中的 FLV 视频播放组件，其组件检查器面板如图 12-34 所示。

- autoPlay：确定 FLV 文件播放方式的布尔值。如果为 true，则该组件将在加载 FLV 文件后立即播放。如果为 false，则该组件加载第 1 帧后暂停。
- autoRewind：一个布尔值，用于确定 FLV 文件在它完成播放时是否自动后退。如果为 true，则播放头到达末端或用户单击"停止"按钮时，FLVPlayback 组件会自动使 FLV 文件后退到开始处。如果为 false，则组件在播放 FLV 文件的最后一帧后会停止，并且不自动后退。默认值为 true。

图 12-33　把 FLVPlayback 组件拖曳到舞台中

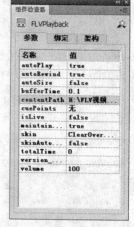

图 12-34　组件检查器面板中的参数选项

- autoSize：一个布尔值，如果为 true，则在运行时调整组件大小以使用源 FLV 文件尺寸。这些尺寸是在 FLV 文件中进行编码的，并且不同于 FLVPlayback 组件的默认尺寸。默认值为 false。

- bufferTime：在开始回放前，在内存中缓冲 FLV 文件的秒数。此参数影响 FLV 文件流，这些文件在内存中缓冲，但不下载。对于通过 HTTP 渐进式下载的 FLV 文件，增加该值会带来很小的好处，尽管它可以改善在旧式、速度较慢的计算机上查看高质量视频的查看效果。默认值为 0.1。

**注意**：设置此参数并不确保某些 FLV 文件内容将在回放开始前下载。

- contentPath：一个字符串，指定 FLV 文件的 URL，或者指定如何播放一个或多个 FLV 文件的 XML 文件。可以指定本地计算机上的路径、HTTP 路径或实时消息传输协议 (RTMP) 路径。双击此参数的 Value 单元格将弹出“内容路径”对话框。如果未指定 contentPath 参数的值，则 Flash 执行 FLVPlayback 实例时什么也不会发生。默认值为一个空字符串。

- cuePoints：描述 FLV 文件提示点的字符串。提示点允许同步包含 Flash 动画、图形或文本的 FLV 文件中的特定点。默认值为一个空字符串。

- isLive：一个布尔值，如果为 true，则指定 FLV 文件正从 Flash Media Server 实时加载流。实时流的一个示例就是在发生新闻事件的同时显示这些事件的视频。默认值为 false。

- maintainAspectRatio：一个布尔值，如果为 true，则调整 FLVPlayback 组件中视频播放器的大小，以保持源 FLV 文件的高宽比，源 FLV 文件根据舞台上 FLVPlayback 组件的尺寸进行缩放。autoSize 参数优先于此参数。默认值为 true。

- skin：一个参数，用于打开“选择外观”对话框，然后从该对话框中选择组件的外观。默认值最初是预先设计的外观，但它在以后将成为上次选择的外观，如图 12-35 所示。

- skinAutoHide：一个布尔值，如果为 true，则当鼠标不在 FLV 文件或外观区域（如果外观是不在 FLV 文件查看区域上的外部外观）上时隐藏外观。默认值为 false。
- totalTime：源 FLV 文件中的总秒数，精确到毫秒。默认值为 0。如果使用 FMS 或 FVSS，则该组件始终从服务器获取总时间。如果使用通过 HTTP 的渐进式下载，则该组件会在此值大于零时使用此数值，否则，将尝试获取 FLV 文件元数据的时间。
- volume：一个从 0 到 100 的数字，用于表示相对于最大音量（100）的百分比。

5）在组件检查器面板中单击"contentPath"参数右侧的放大镜图标，弹出"内容路径"对话框，从中选择需要播放的 FLV 视频文件，如图 12-36 所示。

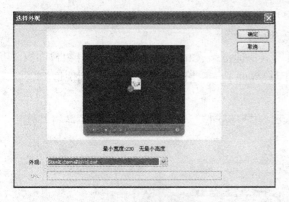

图 12-35　选择播放器的外观　　　　　　　　图 12-36　选择需要的 FLV 视频文件

6）组件设置完毕。选择"控制"→"测试影片"（快捷键：〈Ctrl+Enter〉）命令，在 Flash 播放器中预览动画效果，如图 12-37 所示。

图 12-37　FLV 视频组件播放后的效果

## 12.4　案例上机操作：时间月历

在该影片中要让用户在日期组件里面选择一个日期，然后系统自动在文本对象里面显示选取的日期，如图 12-38 所示。

该例主要使用 DateChooser 和 Label 这两个组件，通过日期选取组件（Datachooser）在文本对象间进行绑定。

图 12-38　效果演示

1）新建一个 Flash 文件（ActionScript 2.0），并且设置舞台尺寸为 400×300 像素。

2）导入一张背景图片到舞台中，如图 12-39 所示。

3）新建"图层 2"，选择"窗口"→"组件"（快捷键：〈Ctrl+F7〉）命令，打开组件面板。

4）选择组件面板中的"User Interface（用户界面）"→"DateChooser（日期选取）"，将其拖曳到"图层 2"所对应的舞台中。

5）继续选择组件面板中的"User Interface（用户界面）"→"Label（标签）"，将其拖曳到舞台中，如图 12-40 所示。

图 12-39　导入背景图片到舞台

图 12-40　把 DateChooser 和组件拖曳到舞台中

6）在属性面板中设置 DateChooser 组件的实例名称为"date"。

7）在属性面板中设置 Label 组件的实例名称为"text"，在组件检查器面板中设置 Text 参数为"您选择的时间"，如图 12-41 所示。

8）选择舞台中的 DateChooser 组件，显示组件检查器面板中的"绑定"标签页，如图 12-42 所示。

图 12-41　设置 Label 组件的属性

图 12-42　打开"绑定"标签页

9）单击"+"号按钮，弹出"添加绑定"对话框，如图 12-43 所示。选择其中的 selectedDate:Date，然后单击"确定"按钮

10）返回到组件检查器面板，单击 Bound to 右边的放大镜按钮，在弹出的"绑定到"对话框中选择命名为"text"的 Label 组件，如图 12-44 所示。

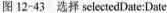

图 12-43　选择 selectedDate:Date　　　　　图 12-44　选择绑定的目标对象

11）组件设置完毕。选择"控制"→"测试影片"（快捷键：〈Ctrl+Enter〉）命令，在 Flash 播放器中预览动画效果，如图 12-38 所示。

## 12.5　习题

**1. 选择题**

（1）允许用户在相互排斥的选项之间进行选择的组件是（　　　）。

　　A. RadioButton 组件

　　B. ScrollPane 组件

　　C. TextArea 组件

　　D. TextInput 组件

（2）Flash CS4 可以使用 Flash Media 组件从服务器中传输视频流，其视频格式为（　　　）。

　　A. MPG

　　B. WMV

　　C. RM

　　D. FLV

（3）下面关于组件的叙述，正确的是（　　　）。

　　A. 图形元件不能转化为组件

　　B. 组件是电影剪辑元件的一种派生形式

　　C. 组件是定义了参数的电影剪辑

　　D. 以上都对

（4）在 Flash User Interface 中可以选择（　　　）。

A．组件的图形元件

B．组件的实例

C．修改外观的大小

D．组件的实例名称

（5）Flash CS4 提供了（　　）种类别的组件。

A．1

B．3

C．4

D．5

## 2．操作题

熟悉 Flash CS4 中的各种组件，并了解它们的用途。

# 第 13 章　Flash 动画优化和发布

**本章要点**

- 影片优化
- 影片测试
- 影片发布

Flash 的文件格式遵循开放式标准，可被其他应用程序支持。除 Flash 影片文件格式以外，Flash CS4 还能以其他格式导出和发布动画。同时也可以根据发布格式的不同进行相应的优化。下面介绍如何优化 Flash 文件，以及各种格式文件的发布设置。

## 13.1　优化动画

使用 Flash 可以制作出精美的动画效果，但是如果制作的 Flash 影片文件较大，常常会让网上浏览者在不断等待中失去耐心。此时，对 Flash 影片进行优化就显得尤为重要了，但前提是不能有损影片的播放质量。

- 多使用元件。如果影片中的元素有使用一次以上者，则应考虑将其转换为元件。重复使用元件并不会使影片文件明显增大，因为影片文件只需储存一次元件的图形数据。
- 尽量使用补间动画。只要有可能，应尽量以"运动补间"的方式产生动画效果，而少用"逐帧动画"的方式产生动画效果。关键帧使用得越多，文件就会越大。
- 多采用实线，少用虚线。限制特殊线条类型，如短画线、虚线、波浪线等的数量。由于实线的线条构图最简单，因此使用实线将使文件更小。
- 多用矢量图形，少用位图图像。矢量图可以任意缩放而不影响 Flash 的画质，位图图像一般只作为静态元素或背景图，Flash 并不擅长处理位图图像，因此，应避免制作位图图像元素的动画。
- 多用构图简单的矢量图形。矢量图形越复杂，CPU 运算起来就越费力。可使用菜单命令"修改"→"形状"→"优化"，将矢量图形中不必要的线条删除，从而减小文件。
- 导入的位图图像文件尽可能小一点，并以 JPEG 方式压缩。
- 声音文件最好以 MP3 方式压缩。MP3 是使声音最小化的格式，应尽量使用。
- 限制字体和字体样式的数量。尽量不要使用太多不同的字体，使用的字体越多，影片文件就越大。要尽可能使用 Flash 内置的系统字体。
- 尽量不要将文本分离。文本分离后就变成图形了，这样会使文件增大。
- 尽量少使用渐变色。使用渐变色填充一个区域比使用纯色填充区域要多占 50 字节左右。

- 尽量缩小动作区域。限制每个关键帧中发生变化的区域，一般应使动作发生在尽可能小的区域内。
- 尽量避免在同一时间内安排多个对象同时产生动作。有动作的对象也不要与其他静态对象安排在同一图层里。应该将有动作的对象安排在各自专属的图层内，以便加速 Flash 动画的处理过程。
- 用"loadMovie"语句减轻影片开始下载时的负担。若有必要，可以考虑将影片划分成多个子影片，然后再通过主影片里的"loadMovie"、"unloadMovie"语句随时调用、卸载子影片。
- 使用预先下载画面。如果有必要，可在影片一开始加入预先下载画面"Preloader"，以便后续影片画面能够平滑播放。较大的音效文件尤其需要预先下载。
- 影片的长宽尺寸越小越好。尺寸越小，影片文件就越小。可通过菜单命令"修改"→"文档"（快捷键：〈Ctrl+J〉）命令，调节影片的长宽尺寸。
- 先制作小尺寸影片，然后再进行放大。为减小文件，可以考虑在 Flash 里将影片的尺寸设置小一些，然后导出迷你 Flash 影片。接着选择"文件"→"发布设置"（快捷键：〈Ctrl+Shift+F12〉）命令，将"HTML"选项里的影片尺寸设置大一些，这样，在网页里就会呈现出尺寸较大的影片，而画质丝毫无损、依然优美。

**提示：** 在进行上述修改时，不要忘记随时测试电影的播放质量、下载情况和查看电影文件的大小。由于测试操作在第 1 章已经介绍过了，这里就不在复述。

## 13.2　发布动画

当测试 Flash 影片运行无误后，就可以将影片发布了。在默认情况下，Flash 会自动生成 SWF 格式的影片文件，同时也能够生成相应的 HTML 网页文件。

除了发布成标准的 SWF 格式以外，还可以将 Flash 影片发布成其他格式，如 GIF、JPEG、PNG 和 QuickTime 等，以适应不同的需要。

### 13.2.1　发布设置

选择"文件"→"发布设置"（快捷键：〈Ctrl+Shift+F12〉）命令，即可弹出如图 13-1 所示的"发布设置"对话框，在默认情况下只有两种发布格式，用户可以选择其他的复选框选项，来选择不同的发布格式。

### 13.2.2　发布 Flash 影片

Flash 影片文件是在互联网上使用最多的一种动画格式，选择"发布设置"对话框中的"Flash"选项，即可对将要生成的 Flash 动画文件进行相应的设置，如图 13-2 所示。

图 13-1 "发布设置"对话框

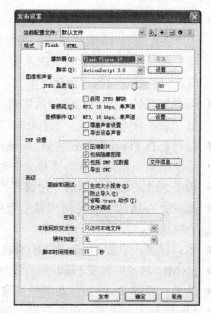

图 13-2 设置 Flash 选项

其中各项选项含义如下：

● 播放器：在下拉列表框中选择一个播放器版本，但不是所有的功能都能够在 Flash Player 7 之前的影片中起作用。

● 脚本：选择动作脚本 1.0、2.0 或 3.0，以反映文档中使用的版本。

● 生成大小报告：可生成一个文本文件格式的报告，报告中列出最终 Flash 内容中的数据量。

● 省略 trace 动作：会使 Flash 忽略当前 SWF 文件中的跟踪动作（trace），来自跟踪动作的信息就不会显示在输出面板中。

● 防止导入：可防止他人导入 SWF 文件并将其转换回 Flash（FLA）文档，同时设置使用密码来保护 Flash SWF 文件。

● 允许调试：激活调试器并允许远程调试 Flash 影片。

● 压缩影片：压缩 SWF 文件以减小文件大小和缩短下载时间。

● 密码：选择"允许调试"后，即可在"密码"文本框中输入密码。

● JPEG 品质：拖曳滑块或输入一个值。图像品质越低，生成的文件就越小；图像品质越高，生成的文件就越大。

● 音频流/音频事件：对当前影片中的所有声音进行压缩。

### 13.2.3 发布 HTML 网页

如果需要在 Web 浏览器中显示 Flash 动画，必须创建一个用来包含动画的 HTML 网页文件。用户可以通过 Flash 的发布命令，自动生成相应的 HTML 网页文件，从而省去烦琐的操作，如图 13-3 所示。

其中各项选项含义如下：

● 模板：该选项用来设定使用何种已安装的模板。

- 尺寸：指定生成网页中 Flash 影片的宽高，有匹配影片、像素和百分比 3 个选项，其中"匹配影片"（默认设置）指使用 SWF 文件的大小。若选择"像素"则可在"宽度"和"高度"文本框中输入宽度和高度的像素数量。"百分比"用于指定影片文件将占浏览器窗口的百分比。
- 开始时暂停：一直暂停播放影片文件，直到用户单击按钮或从快捷菜单中选择"播放"后才开始播放。
- 循环：在 Flash 内容到达最后一帧时再重复播放。
- 显示菜单：在用户右击影片文件时，显示一个快捷菜单。
- 设备字体：用消除锯齿（边缘平滑）的系统字体替换用户系统上未安装的字体。
- 品质：在影片下载时间和显示效果之间找一个平衡点，品质越低效果就越差，但是下载速度就越快，反之亦然。
- 窗口模式：设置 Flash 动画的背景透明效果。
- HTML 对齐：设置 Flash 影片在浏览器窗口中的位置。
- 缩放：设置 Flash 影片在浏览器窗口中的缩放方式。
- Flash 对齐：设置如何在应用程序窗口内放置 Flash 影片，以及在必要时如何裁剪它的边缘。

### 13.2.4 发布 GIF 图像

如果需要在任何的 Web 浏览器中都能顺利地显示动画，可以将 Flash 动画发布为 GIF 的格式，如图 13-4 所示。

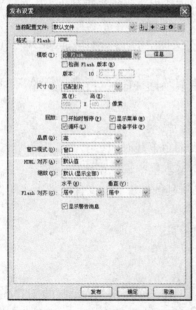

图 13-3　设置 HTML 选项

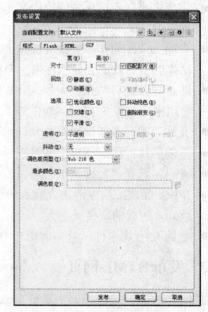

图 13-4　设置 GIF 选项

其中各项选项含义如下：
- 尺寸：输入导出位图图像的宽度和高度值（以像素为单位），或者选择"匹配影片"使 GIF 和 Flash 影片大小相同，并保持原始图像的高宽比。

- 回放：确定 Flash 创建的是静止图像还是 GIF 动画。如果选择"动画"，则可选择"不断循环"或输入重复次数。
- 选项：指定导出的 GIF 文件的外观设置范围。
- 透明：设置动画的背景透明度及转换为 GIF 格式的透明度。
- 抖动：可以改善颜色品质，但是会增加文件大小。
- 调色板：定义图像的调色板。
- 最多颜色：设置 GIF 图像中使用的颜色数量。选择颜色数量越少，生成的文件就会越小，但却可能会降低图像的颜色品质。

### 13.2.5　发布 JPEG 图像

如果需要将动画输出为具有照片效果的图像，可以将 Flash 动画发布为 JPEG 的格式，如图 13-5 所示。其中各项选项含义如下：
- 尺寸：输入导出位图图像的宽度和高度值（以像素为单位），或者选择"匹配影片"使 GIF 和 Flash 影片大小相同，并保持原始图像的高宽比。
- 品质：拖动滑块或输入一个值来控制所使用 JPEG 文件的压缩量。
- 渐进：在 Web 浏览器中逐步显示连续的 JPEG 图像，从而以较快的速度在低速网络连接上显示加载的图像。

### 13.2.6　发布 PNG 图像

PNG 是唯一支持透明度的跨平台位图格式，也是 Fireworks 的标准文件格式。用户可以将 Flash 动画发布为 PNG 的格式，如图 13-6 所示。

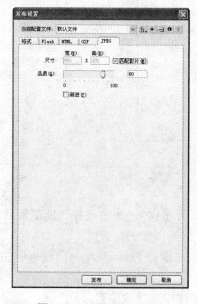

图 13-5　设置 JPEG 选项

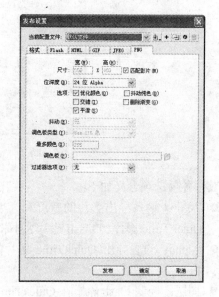

图 13-6　设置 PNG 选项

其中各项选项含义如下：
- 过滤器选项：用于设置一种逐行过滤方法，以使 PNG 文件的压缩性更好。选择

"无"会关闭过滤功能；选择"下"选项会传递每个字节和前一像素相应字节的值之间的差；选择"上"会传递每个字节和它上面相邻像素的相应字节的值之间的差；选择"平均"会使用两个相邻像素（左侧像素和上方像素）的平均值来预测该像素的值；选择"路径"会计算三个相邻像素（左侧、上方、左上方）的简单线性函数，然后选择最接近计算值的相邻像素作为预测值；

● 调色板类型：选择"最适色彩"会分析图像中的颜色，并为选定的 PNG 文件创建一个唯一的颜色表。该选项对于显示成千上万种颜色的系统而言最佳，它可以创建最精确的图像颜色，但所生成的文件要比用"Web 216 色"创建的 PNG 文件大。

说明：发布 PNG 图像的大部分设置和发布 GIF 图像一致，这里就不在复述。

### 13.2.7 发布 QuickTime 影片

可以把制作好的 Flash 动画发布成 MOV 格式的 QuickTime 影片，如图 13-7 所示。

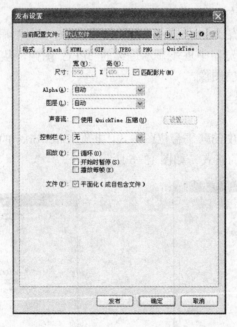

图 13-7 设置 QuickTime 影片选项

其中各项选项含义如下：

● 尺寸：输入导出影片的宽度和高度值（以像素为单位），或者选择"匹配影片"使 QuickTime 影片和 Flash 影片大小相同，并保持原始图像的高宽比。

● Alpha：设置导出 QuickTime 影片的透明模式，并显示 Flash 轨道后面轨道中的所有内容。

● 图层：控制 Flash 轨道在 QuickTime 影片堆叠顺序中的播放位置。

● 声音流：将 Flash 影片中的所有流式音频导出到 QuickTime 音轨中，并使用标准的 QuickTime 音频设置重新压缩音频。

● 控制栏：指定用于播放导出影片的 QuickTime 控制器类型（"无"、"标准"或

"QuickTime VR")。

● 回放：控制 QuickTime 播放影片的方式。

● 平面化：将 Flash 影片和导入的视频内容结合在一起，组成一部 QuickTime 影片。

## 13.3  发布预览

要使用设定好的发布格式和设置来预览 Flash SWF 文件，可以使用"发布预览"命令。该命令会导出文件，并在默认浏览器上打开预览。如果预览 QuickTime 影片，"发布预览"会启动 QuickTime Movie Player。如果预览放映文件，Flash 会启动该放映文件，如图 13-8 所示。

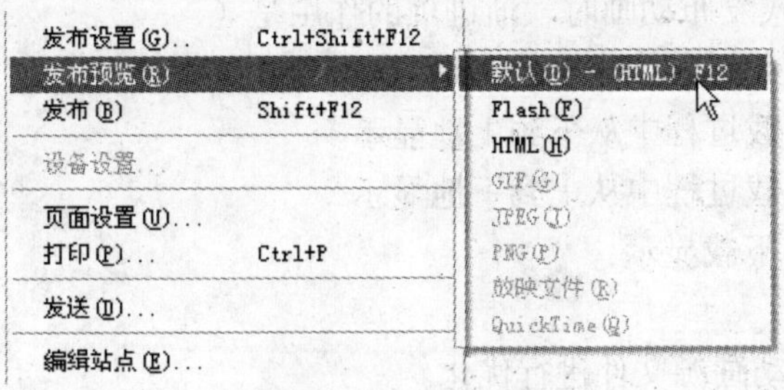

图 13-8  "发布预览"命令

使用"发布预览"命令预览文件的方法为：选择"文件"→"发布预览"命令，然后从子菜单中选择要预览的文件格式，此时，Flash 会在与 Flash 源文件相同的位置创建一个指定类型的文件。

## 13.4  习题

### 1. 选择题

（1）关于使用 Flash 的 HTML 发布模板，说法错误的是（　　）。

    A．允许用户控制电影在浏览器中的外观和播放

    B．Flash 模板不能包含任何 HTML 内容，比如 Cold Fusion、ASP 等的代码就不可以

    C．这种发布 Flash 用的模板是一个文本文件，包括两部分：不会改变的 HTML 代码和会改变的模板代码或变量

    D．创建模板和创建一个标准的 HTML 页面基本相似，只是用户需要将属于 Flash 影片的某些值替换为以美元符号（$）开头的变量

（2）关于发布 Flash 影片的说法错误的是（　　）。

    A．向受众发布 Flash 内容的主要文件格式是 Flash Player 格式（.swf）

    B．Flash 的发布功能就是为在网上演示动画而设计的

    C．可惜 Flash Player 文件格式是一个不开放标准，今后不会获得更多的应用程序支持

    D．用户可以将整个影片导出为 Flash Player 影片，或作为位图图像系列，还可以将单个帧或图像导出为图像文件

（3）不可以优化影片的操作是（　　　）。

　　A．如果影片中的元素有使用一次以上者，则可以考虑将其转换为元件

　　B．只要有可能，请尽量使用渐变动画

　　C．限制每个关键帧中发生变化的区域

　　D．要尽量使用位图图像元素的动画

（4）使用 GIF 格式发布动画，设置透明的作用是（　　　）。

　　A．改变影片背景的透明度

　　B．设置影片中颜色的处理方式

　　C．设置 GIF 图片中的颜色数量

　　D．除去 GIF 图片中未使用的颜色

（5）在以 JPEG 格式发布动画时，渐进项的作用是（　　　）。

　　A．使图片在下载过程中逐渐清晰地显示

　　B．使图片在下载过程中从下到上地显示

　　C．使图片在下载过程中从上到下地显示

　　D．使图片直接下载显示

## 2．操作题

（1）对前面制作的动画源文件进行优化。

（2）将前面制作的动画源文件，发布成 PNG、GIF、JPEG 3 种不同的格式。

（3）将前面制作的动画源文件，发布成 SWF 和 AVI 格式。